Abhay Kshirsagar

Polifenol Oxidases de bactérias marinhas

Abhay Kshirsagar

Polifenol Oxidases de bactérias marinhas

ScienciaScripts

Imprint
Any brand names and product names mentioned in this book are subject to trademark, brand or patent protection and are trademarks or registered trademarks of their respective holders. The use of brand names, product names, common names, trade names, product descriptions etc. even without a particular marking in this work is in no way to be construed to mean that such names may be regarded as unrestricted in respect of trademark and brand protection legislation and could thus be used by anyone.

Cover image: www.ingimage.com

This book is a translation from the original published under ISBN 978-3-659-83027-3.

Publisher:
Sciencia Scripts
is a trademark of
Dodo Books Indian Ocean Ltd. and OmniScriptum S.R.L publishing group

120 High Road, East Finchley, London, N2 9ED, United Kingdom
Str. Armeneasca 28/1, office 1, Chisinau MD-2012, Republic of Moldova, Europe
Printed at: see last page
ISBN: 978-620-8-21154-7

Índice:

Capítulo 1

INTRODUÇÃO

1. Introdução:

As polifenoloxidases (PPO) são um grupo de proteínas cúpricas que se encontram amplamente distribuídas entre bactérias, mamíferos e plantas. Os tipos de proteínas relacionadas com as PPO são a cresolase (EC 1.18. 19.1), a catecolase (Ec 1.10. 3.1), a lacase (EC 1.10.3.2) e a tirosinase (EC 1.14.18.1) (Francisco et.al 1997).

As PPO catalisam dois tipos diferentes de reacções, ambas envolvendo a hidroxilação do monofenol em o-difenóis (atividade da monofenolase) e a oxidação de o-difenóis em o-quinonas (atividade da difenolase).

Existem muitos relatórios sobre o estudo de PPOs de diferentes fontes. A orquídea tropical *Vanilla planifolia*, uma planta da qual deriva o sabor natural da baunilha, e é relatado que as polifenol oxidases da planta estão envolvidas em reacções de escurecimento e na produção de compostos aromáticos (Wilfred et al 2001). A planta do trevo vermelho contém PPOs e a sua presença está relacionada com uma menor extensão da proteólise pós-colheita nas folhas do trevo vermelho (Michael et al 2004). As folhas de macieira também são utilizadas para a extração e purificação de PPOs que podem ser utilizadas para aplicações industriais (T.T.Ridgway 1999). A PPO é extraída e caracterizada a partir da maçã fuji (Ming Hui Fan 2005). Nas sementes de trigo, a PPO está presente e é uma das principais enzimas responsáveis pelo escurecimento dos produtos alimentares de trigo (T Demeke et al 2001). As PPO também estão presentes nas uvas (Estela 2003), nas folhas de tabaco (Chunhua Shi. 2002), em Nicotiana tabacum, nas folhas de juta (Anwarul et al 2003), no extrato de jaca (Antonio et al 2002), no marmelo (Cydonia oblonga), segundo Hulya Yagar e Ayten Sagirogla 2002, e na tirosinase resistente a solventes de *Streptomyces Sp. REN-21* foi registada por Masaaki ITO e Kohei ODA, 2000. A atividade da lacase foi observada em *Rhizoctonia solani*, que é um fungo fitopatogénico que vive no solo (Jonathan e Stefan, 2001), no fungo da podridão branca *Pycnoporus cinnabarinus* (Claudia et al 1996) e em *Pyricularia oryzea* (M.Chivukula e V. Renganathan 1995).

Foi relatado que *Marinomonas mediterrenea* contém uma polifenol oxidase pluripotente, que catalisa a oxidação de uma vasta gama de substratos. Também possui todos os tipos de actividades associadas à tirosinase, catecolase e lacase.

Há muitos relatórios sobre as diferentes fontes de extração de PPO, por exemplo, plantas, fungos, etc., mas há muito poucos relatórios sobre bactérias como fonte de PPO. Plantas, fungos, etc., mas há muito poucos relatórios sobre bactérias como fonte de PPO, entre as quais uma importante fonte bacteriana é a MMB.1, uma nova bactéria marinha melanogénica, por Francisco Solano et al 1997. Este é o primeiro relatório de uma bactéria que contém duas PPOs e também o primeiro relatório de uma PPO pluripotente que apresenta todos os tipos de actividades de oxidase. Esta bactéria apresenta formação de melanina. As melaninas são pigmentos polifenólicos de cor escura sintetizados por diferentes organismos ao longo da escala filogenética, desde bactérias a mamíferos. As melaninas estão envolvidas em funções de defesa contra oxidantes, radicais livres e radiações UV. Nos organismos superiores, a melanina é produzida utilizando a L-tirosina como precursor e a enzima chave é a tirosinase
(EC 1.14.18.1). Esta enzima catalisa as duas primeiras reacções da via Raper - mason.

O-hidroxilação da L-tirosina (atividade da cresolase) em 3,4 L-di-hidroxifenilalanina (L-dopa) e a subsequente oxidação desse o-difenol para produzir L-dopa quinona (atividade da catecolase). Após a formação desta o-quinona, este composto sofre uma ciclização intramolecular dando origem ao L-dopacromo, depois a descarboxilação do L-dopacromo dá origem ao di-hidroxi-indol.

$$\text{Catechol} + \frac{1}{2}O_2 \xrightarrow{\text{polyphenoloxidase}} \text{o-quinone} + H_2O$$

Fig. 1: Formação de o-quinona a partir de catecol.

As bactérias sintetizam pigmentos de melanina a partir de monofenóis basicamente através de duas etapas. A primeira é a formação de o-difenóis mediada pela atividade da cresolase e a segunda é a oxidação de intermediários do catabolismo dos monofenóis, como o homogentisato ou outros p-difenóis. O monofenol habitualmente presente na célula é o aminoácido L-tirosina. Este é, portanto, o principal precursor dos pigmentos de melanina.

Um exemplo da formação de melaninas a partir de um simples polifenol, a tirosina, é mostrado na figura abaixo:

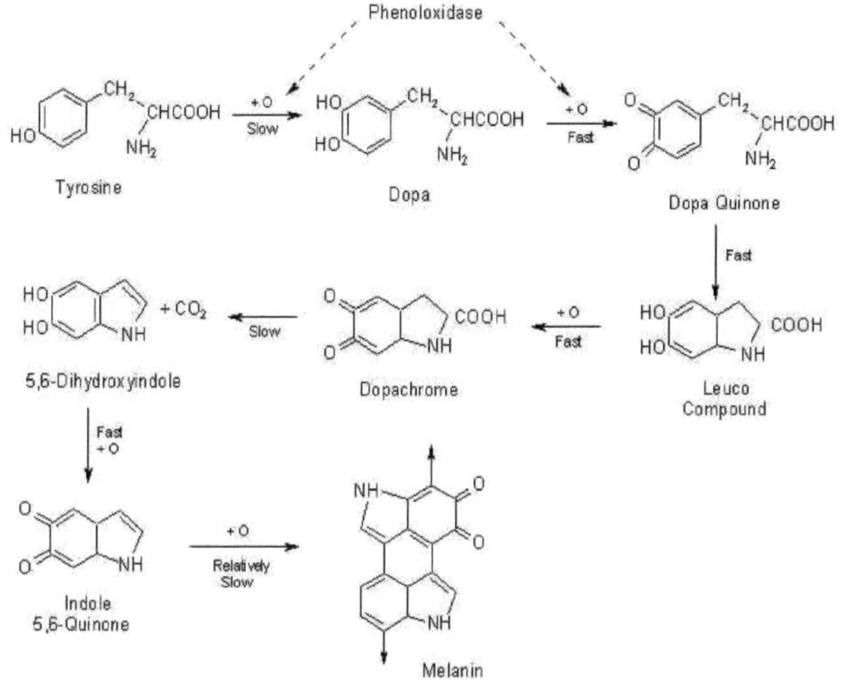

Figura 2: Formação da melanina a partir da tirosina.

A polifenoloxidase catalisa duas reacções básicas, a hidroxilação e a oxidação. Ambas as reacções utilizam o oxigénio molecular (ar) como co-substrato.

De acordo com Michael L. Sullivan et al 2004. As folhas do trevo vermelho (Trifolium pratense) contêm níveis elevados de atividade de polifenol oxidase e substratos de o-difenóis. O ferimento das folhas durante a colheita e a ensilagem resulta no escurecimento dos tecidos foliares devido à atividade da PPO sobre os o-difenóis. Em associação com o escurecimento, as proteínas da folha permanecem intactas durante a ensilagem, presumivelmente devido à inibição das proteases da folha pela o-quinona gerada pela PPO.

As uvas que contêm uma quantidade elevada da enzima PPO podem sofrer reacções oxidativas, causando um escurecimento rápido quando estas uvas são espremidas para a produção de sumos ou vinho. Este facto diminui a qualidade do produto final. Nos bagos danificados pode também desenvolver-se um sabor desagradável e perda de cor. O que irá interferir na qualidade do produto final. Assim, é importante controlar o efeito da PPO. Estela et al 2003, pela primeira vez, submeteram o extrato de uva a tratamentos térmicos, isto é, 60° c, 65° c, 70° c e 75° c durante um período de 1 a 10 minutos, para observar o comportamento da atividade enzimática da PPO, observando que a atividade enzimática diminui como resultado do tratamento térmico.

Hulya e Ayten, 2002. A imobilização da PPO purificada de marmelo (Cydonia oblonga) foi efectuada em alumina através de um método de imobilização não covalente. O pH ótimo determinado foi de 8,5 e a temperatura óptima de 45° c. Os autores referiram que o catecol era melhor substrato do que a L-Dopa e o P-cresol, sendo o seu Km de 5 mm. Observaram que a enzima imobilizada tinha estabilidade térmica e de armazenamento.

A azida tem sido consistentemente reportada como um inibidor de enzimas metálicas, especialmente proteínas de cobre, mas Chunhua Shi et al 2002. demonstraram que a azida também pode atuar como ativador da PPO. Afirmaram que o complexo azida-PPO catalisa a transformação do oxigénio em peróxido e não em superóxido, como faz a PPO nativa, e os seus resultados explicaram bem que a azida a baixa concentração ativa a PPO porque a atividade do complexo peróxido-PPO é superior à da PPO nativa.

Chunhu Shi et al 2001, relataram a primeira purificação de polifenol oxidase de folhas frescas de tabaco (Nicotiana tabacum) A PPO foi purificada aproximadamente 71 vezes, o pH ótimo foi 7, a temperatura óptima foi 40° c e o valor Km foi 6,8 mm utilizando catecol como substrato a pH 6,5.

Embora a PPO seja benéfica na produção da cor escura associada a alimentos como ameixas secas, resinas escuras e chás, geralmente reduz a qualidade dos alimentos em resultado destas mesmas reacções de descoloração (acastanhamento). No trigo, a PPO é responsável pela descoloração de noodles, chapattis e pães planos do Médio Oriente. As cultivares de trigo diferem na atividade da PPO e os criadores de plantas desejam selecionar germoplasma e cultivares com baixa atividade da PPO. Por isso, para os ajudar, T. Demeke et al. 2001 analisaram o efeito da germinação incipiente, da abrasão mecânica e do tamanho das sementes na atividade do ensaio da PPO. A atividade da PPO foi testada com mistura constante utilizando o substrato L.DOPA a pH 6,5 à temperatura ambiente. A absorvância da reação foi medida a 475 nm. Observaram que a atividade do ensaio da PPO aumentou inicialmente como resultado da abrasão mecânica, mas depois diminuiu gradualmente com o aumento do tempo de abrasão, as sementes grandes tiveram uma atividade total do ensaio da PPO mais elevada do que as sementes pequenas.

Os compostos fenólicos que têm um efeito deletério na saúde encontram-se no ambiente, pelo que a sua determinação é de grande importância. A deteção de mono e polifenóis é geralmente efectuada por HPLC ou espetrometria. No entanto, estas técnicas são dispendiosas, exigem reagentes e consomem muito tempo. Os biossensores são técnicas alternativas atractivas devido às suas caraterísticas únicas, tais como a seletividade, o baixo custo de realização e armazenamento, a facilidade de automatização e a rapidez de funcionamento. Assim, P.V. climent et al 2001. desenvolveram um novo biossensor amperométrico baseado na polifenol oxidase e na membrana de polietersulfona. Uma membrana de polietersulfona derivatizada forneceu o suporte sólido e a capacidade de imobilização para a enzima polifenol oxidase utilizada. O substrato de estudo utilizado foi o catecol. O biossensor mantém a sua atividade durante 37 dias quando a membrana é armazenada seca a 4° c. O armazenamento em glicerol a 30%, à temperatura ambiente, manteve a atividade do biossensor durante 9 dias.

Há muitos exemplos da importância da tirosina nos locais de ligação aos hidratos de carbono das proteínas microbianas e a tirosina é necessária para a ligação específica de múltiplos agentes patogénicos microbianos ao tecido hospedeiro. M.M. Cowan et al 2000 relataram que o efeito inibitório da polifenol oxidase vegetal no fator de colonização de *Streptococcus sabrinus 715,* responsável pela cárie dentária. Neste estudo, M.M. Cowan et al. afirmaram que a PPO pode desempenhar algum papel como agente anticárie.

A tirosinase, que tem uma atividade elevada na presença de solventes orgânicos, foi descrita por Masaaki ITO e Kohei ODA, 2000, no filtrado de cultura de *Streptomyces sp. REN-21.* O pH e a temperatura óptimos desta tirosinase foram pH 7,0 e 35° c, respetivamente. Apresentou 44% de atividade na presença de etanol a 50%, em comparação com 6% de atividade da tirosinase de cogumelos nas mesmas condições.

1.1 Aplicação da PPO:

O estudo do isolamento de bactérias produtoras de PPO é um tema de importância não só académica mas também industrial. Esta enzima tem amplas aplicações em diferentes domínios.

1) Na produção industrial de penicilina V, o precursor de fenoxiacetato é adicionado ao fermentador, a penicilina V é frequentemente hidrolisada em ácido 6-aminopenicilânico com a regeneração do precursor de fenoxiacetato, mas é contaminada pelo derivado B-hidroxilado deste precursor, esta contaminação pode ser eliminada pela adição da enzima tirosinase que converte o p-hidroxifenoxiacetato em quinona e removida por ligação forte com quitosano, o que pode ser facilmente removido. Enquanto o precursor do fenoxiacetato não é afetado e pode ser reutilizado. (Gregory e Wei- Qiang 1994)
2) A determinação do catecol é especialmente importante para a análise da poluição do solo e para a investigação dos efeitos carcinogénicos do catecol e dos seus derivados que se formam no processo metabólico dos seres humanos. Assim, foi desenvolvido um elétrodo enzimático para a determinação específica do catecol, utilizando a catecolase (EC 1.10 3.1). (Erhan Dinckaya et al 1998)
3) De acordo com M.M. Cowan at al 2000. As polifenol oxidases mostram um efeito inibidor no fator de colonização do *Streptococcus sobrinus* 6715, que é responsável pela cárie dentária. Isto significa que as polifenol oxidases são úteis para evitar a cárie dentária.
4) As polifenol oxidases podem ser utilizadas para fabricar biossensores para a deteção de compostos fenólicos (P.V. Climent et al 2001).
5) As polifenol oxidases de plantas estão presentes na *Vanilla planifolia* utilizada para extrair o aroma da baunilha, e a PPO está envolvida nas reacções de escurecimento e na produção do composto aromático (Wilfred F.M. Raling et al. 2001).
6) A polifenol oxidase é benéfica na produção da cor escura associada a produtos como as ameixas secas, as resinas escuras e os chás (T. Demeke et al., 2001).
7) As polifenol oxidases são importantes para a indústria do tabaco (Chunhua shietal 2001), uma vez que afectam a cor e o sabor dos fragmentos de tabaco através da oxidação dos polifenóis presentes nas

folhas.

8) Antonio R. Cestari et al., 2002, referiram que a polifenol oxidase é importante em métodos analíticos para a determinação do teor de fenóis totais em várias amostras biológicas e farmacêuticas.
Por exemplo, a hidroquinona em cremes cosméticos e reveladores fotográficos e o paracetamol em formulações farmacêuticas.

9) A polifenol oxidase está envolvida na síntese da melanina (Francisco Solano et al., 2000). As melaninas são compostos polifenólicos de cor escura sintetizados por diferentes organismos, desde bactérias a mamíferos. As melaninas estão envolvidas na função de defesa contra oxidantes, radicais livres e radiação UV.

Existem muitas aplicações da enzima polifenol oxidase. Por conseguinte, foi considerado o isolamento de microrganismos produtores de PPO, especialmente bactérias. As bactérias foram a escolha preferida, uma vez que são mais fáceis de cultivar e crescer e são mais susceptíveis a técnicas de manipulação de biologia molecular simples.

O isolamento de bactérias produtoras de PPO era um pré-requisito para o isolamento da enzima PPO. Assim, as bactérias produtoras de PPO são primeiro selecionadas e, mais tarde, são efectuados os estudos enzimáticos.

Capítulo 2

ISOLAMENTO E RASTREIO DE BACTÉRIAS PRODUTORAS DE POLIFENOL OXIDASE.

2. Isolamento e rastreio de bactérias produtoras de polifenol oxidases

Francisco et al, 1997 relataram que uma bactéria marinha é capaz de produzir PPO, *Marinomonas mediterrenea*, esta cultura mostra todos os tipos de actividades associadas à cresolase, catecolase e lacase. As bactérias marinhas podem tolerar concentrações elevadas de sal e a enzima que produzem pode também estar ativa em condições extremas. Assim, os microrganismos de interesse podem ser isolados do ambiente marinho.

As bactérias foram a escolha preferida, uma vez que são mais fáceis de cultivar e crescem mais rapidamente do que outras e são mais susceptíveis a técnicas de manipulação molecular simples.

O presente capítulo descreve o isolamento de microrganismos produtores de polifenol oxidases do ambiente marinho, o seu rastreio e identificação.

2.1 Recolha de amostras:

As amostras de água do mar foram colhidas em tubos esterilizados para evitar a contaminação da flora atmosférica. As zonas de amostragem são Vishakhapattanam, Peynnure (Kerela), diferentes praias de Goa e Mumbai (Maharashtra, Índia). As amostras de água foram transportadas para o laboratório o mais cedo possível para minimizar quaisquer alterações bioquímicas nas amostras de água. As amostras foram refrigeradas a 4^0 c e recolhidas para isolamento das bactérias produtoras de PPO.

2.2 Enriquecimento, isolamento e rastreio de bactérias produtoras de polifenol oxidases:

O meio de enriquecimento utilizado foi o caldo Marine, cuja composição é indicada no apêndice I.

Foram inoculadas diferentes amostras de água em diferentes frascos cónicos contendo 100 ml de MNB em cada um, tendo sido adicionados 5 ml de amostra em cada frasco e mantidos em incubação a 30^0 C num agitador durante 48 horas. Este procedimento de enriquecimento foi repetido utilizando 50 ml de meio e depois 5 ml de meio.

O isolamento foi efectuado em meio sólido específico, ou seja, ágar nutriente marinho e MNA contendo 0,5% de tirosina e 0,5% de fenol. Foram isoladas setenta (70) culturas bacterianas a partir das amostras de água marinha enriquecidas, tendo as culturas isoladas apresentado colónias pigmentadas em MNA, uma zona de depuração em MNA com 0,5% de tirosina e uma zona de cor castanha à volta da colónia em MNA com 0,5% de fenol. Estas culturas isoladas foram ainda analisadas para determinar a produção máxima de PPO.

O rastreio automatizado foi efectuado utilizando placas de microtítulo para rastrear um grande número de culturas quanto à atividade da PPO num curto espaço de tempo com a ajuda de um leitor ELISA. Neste rastreio primário, foram isoladas 11 culturas, tendo estes isolados sido novamente verificados quanto à produção máxima de enzimas utilizando catecol como substrato. Foram ainda selecionadas quatro culturas bacterianas com base na produção máxima de PPO em menos tempo.

Tabela 1:

Caraterísticas das colónias de culturas isoladas cultivadas em meio de ágar nutriente marinho a 30^0 C.

Cultura	Temp. de crescimento (graus C)	Natureza da avó	Superfície	Forma da colónia	Margem	Elevação	Cor	Opacidade	Motilidade

11	30	Grama -ve.	Suave	Irregular	Mesmo	Elevado	Branco cremoso	Opaco	Móbil
13	30	Grama -ve.	Suave	Irregular	Suave	Elevado	Branco cremoso	Opaco	Móbil
26	30	Grama +ve.	Áspero	Irregular	Desigual	Côncavo	Cremoso	Opaco	Móbil
B	30	Gram +ve.	Mucoide	Irregular	Desigual	Não levantado	Castanho claro	Translúcido	Móbil

2.3 Determinação da duração da produção máxima de enzimas em culturas isoladas:

As culturas foram deixadas a crescer em diferentes frascos cónicos de 100 ml utilizando 20 ml de MNB. Os frascos foram mantidos numa incubadora a 30° C. Após cada 24 horas, são retirados 2 ml de amostra e a atividade enzimática é verificada utilizando catecol como substrato.

Tabela 2: Tabela para a atividade enzimática após cada 24 horas.

Cultura.	**Atividade enzimática.**					
	24 horas	**48 horas**	**72 horas**	**96 horas**	**120 horas**	**144 horas**
Marinobacter daepoensis AY517633	0.009	0.064	0.092	0.101	**0.103**	0.098
Marinobacter marinus A F 479689	0.007	0.048	0.081	0.099	**0.163**	0.125
Bacillus sp. DQ 448748	0.004	0.020	0.091	**0.128**	0.090	-
Alcanivorax sp. AB O55207	0.008	0.023	0.080	0.127	**0.182**	0.144

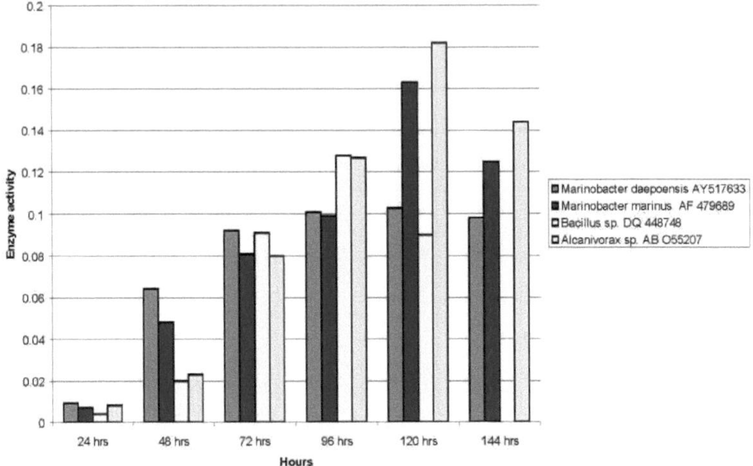

Figura 3: Tempo para a produção máxima de enzimas.

Foi determinado o tempo de produção para que as culturas apresentassem a atividade enzimática máxima. A partir dos resultados apresentados na tabela e no gráfico, verificou-se que o tempo máximo de produção enzimática foi de 96 horas para *Bacillus sp.* DQ 448748, 120 horas para *Alcanivorax sp. AB O55207*, *Marinobacter marinus* AF 479689 e *Marinobacter daepoensis AY 517633.*

Alcanivorax sp. AB O55207 mostra a atividade máxima entre as quatro culturas em menos tempo, pelo que esta cultura foi utilizada para um estudo mais aprofundado da polifenol oxidase.

2.4 Atividade enzimática de diferentes isolados em catecol, fenol e tirosina:

A atividade enzimática dos isolados foi verificada em relação à sua fenolase, tirosinase e catecolase utilizando substratos, respetivamente, fenol, tirosina e catecol.

Ensaio da atividade da fenolase:

Foi preparado um gráfico padrão (Apêndice IV) para a estimativa de fenol utilizando fenol como substrato a 500 nm. Utilizou-se um espetrofotómetro UV/visível (chemito make) e a atividade enzimática foi determinada para as diferentes culturas isoladas.

Protocolo para a atividade da fenolase:

1ml de fenol dil^{n} (100pg / ml)
+
0,5 ml de enzima
+
0,5 ml de tampão fosfato pH 6,5
Incubar durante meia hora.
Em seguida, adicionar,
0,5 ml de solução de amoníaco
+
1 m de ferricianeto de potássio (0,8%)
+
1 ml de 4-aminoantipirina (0,2%)
↓
Ler a absorvância a 500nm.

Observou-se que a atividade de fenolase mostrada por *Marinobacter daepoensis* AY517633 e *Marinobacter marinus* AF 479689 foi de 6,25%, *Bacillus sp.* DQ 448748 mostra 18,75% e *Alcanivorax sp.* AB O55207 mostra 8,33%.

Ensaio da atividade da tirosinase:
Foi preparado um gráfico padrão para a estimativa da tirosina utilizando a tirosina como padrão a 660 nm. Utilizou-se um espetrofotómetro U/V visível (chemito make) e a atividade enzimática foi determinada para as diferentes culturas isoladas.
Protocolo para a atividade da tirosinase:

1 ml de solução de tirosina
+
1ml de tampão fosfato 6,5 pH
+
0,5ml de enzima
Incubar durante meia hora.
Adicionar
0,5ml de reagente de Folin ciocalteau
+
5ml de Na2CO3 0,5M
Incubar durante 30 min
Ler a absorvância a 500nm

Observou-se que a atividade de tirosinase demonstrada por *Marinobacter daepoensis* AY517633 foi de 34,16%, *Marinobacter marinus* AF 479689 foi de 49,06%, *Bacillus sp.* DQ 448748 demonstrou 46,58% e *Alcanivorax sp.* AB O55207 demonstrou 33%.
Ensaio da atividade da catecolase:
A atividade da catecolase foi determinada medindo o aumento da absorvância a 420 nm durante 10 min com um espetrofotómetro UV/visível (chemito make). A cuvete de amostra contém 1ml de tampão fosfato pH 6,5, 1ml de diluição de catecol (6mM), 3ml de d/w e 0,5ml de enzima. Uma unidade de atividade de catecolase foi definida como o aumento da absorvância de 0,001 / min à temperatura ambiente.
Observou-se que a atividade de tirosinase demonstrada por *Marinobacter daepoensis* AY517633 foi de 22,7 u/mg, *Marinobacter marinus* AF 479689 foi de 31,26 u/mg, *Bacillus sp.* DQ 448748 mostra 30,68 u/mg e *Alcanivorax sp.* AB O55207 mostra 40,40 u/mg.

Capítulo 3

IDENTIFICAÇÃO DAS BACTÉRIAS PRODUTORAS DE POLIFENOL OXIDASE ISOLADAS E RASTREADAS

3. Identificação das bactérias produtoras de polifenol oxidase isoladas e selecionadas:

Os quatro isolados que podem produzir PPO foram submetidos a análises microscópicas e macroscópicas preliminares. Foram efectuados testes bioquímicos básicos utilizando o Manual Bergeys de Bacteriologia Determinativa. Os isolados purificados foram identificados utilizando a análise filogénica 16S rRNA, uma nova ferramenta para a caraterização e identificação de microrganismos.

Embora a filogénese do 16S rRNA não revele diretamente informações fisiológicas, é útil para enquadrar um microrganismo recém-descoberto, o que proporciona um ponto de partida para a caraterização metabólica e fisiológica. Também tem sido utilizada para revelar a biodiversidade ainda inexplorada de ambientes adversos. As estimativas da fração do total de microrganismos de todos os tipos que foram isolados e caracterizados são geralmente da ordem de 1%.

A identificação de bactérias no laboratório de microbiologia é efectuada tradicionalmente através do isolamento do organismo e do seu estudo fenotípico por meio de coloração de Gram, cultura e métodos bioquímicos, que têm sido o padrão de ouro da identificação bacteriana. No entanto, estes métodos de identificação bacteriana têm dois grandes inconvenientes. Em primeiro lugar, não podem ser utilizados para organismos não cultiváveis e, em segundo lugar, somos ocasionalmente confrontados com organismos com caraterísticas bioquímicas que não se enquadram nos padrões de qualquer género e espécie conhecidos (Lau et. al. 2002)

Desde a descoberta da reação em cadeia da polimerase (PCR) e da sequenciação do ADN, os genomas de algumas bactérias foram completamente sequenciados. Uma comparação das sequências genómicas de espécies bacterianas mostrou que o gene 16S do ARN ribossómico (ARNr) é altamente conservado dentro de uma espécie e entre espécies do mesmo género, pelo que pode ser utilizado como o novo padrão de ouro para a especiação de bactérias. Utilizando este novo padrão, são construídas árvores filogenéticas baseadas em diferenças de base entre espécies; as bactérias são classificadas e reclassificadas em novos géneros e é possível classificar microrganismos não cultiváveis. Também pode ser útil para elucidar a relação de espécies bacterianas desconhecidas com as conhecidas e novas espécies de bactérias (Woo et al, 2000).

3.1 Identificação das culturas isoladas por filogénese do 16S rRNA

As culturas isoladas foram identificadas no Centro Nacional de Ciências Celulares, Campus da Universidade de Pune, Pune, Índia, utilizando a filogénese baseada no 16S rRNA.

- Os rRNAs são constituintes importantes da maquinaria de síntese de proteínas e estão funcional e evolutivamente conservados.
- A sua estrutura conservada facilita a identificação de moléculas homólogas pelo seu tamanho.
- As moléculas contêm um mosaico de sequências nucleotídicas conservadas e variáveis. Além disso, as regiões conservadas são os alvos dos iniciadores universais de PCR e das sondas de hibridação e as regiões variáveis das sondas específicas de espécies e estirpes.
- O ARNr fornece informação sequencial suficiente para permitir comparações estatisticamente significativas.
- O rRNA constitui um componente significativo da massa celular, pode ser facilmente recuperado de todos os tipos de organismos e pode ser criada uma base de dados de sequências de referência.
- Não existem artefactos de transferência lateral entre organismos contemporâneos nos genes de rRNA, pelo que estas relações entre rRNAs reflectem a relação evolutiva dos organismos.
- Existem três tipos de genes de rRNA no operão, a saber Os genes 5S, 16S e 23S rRNA. O conteúdo de informação é de aproximadamente 120 nucleótidos no RNA 5S, que é relativamente pequeno, enquanto o RNA 23S, com 3000 nucleótidos, é uma molécula muito grande para estudar. Por conseguinte, o gene 16S rRNA é a molécula de eleição.

3.2 Material e métodos:

- Uma única colónia isolada das 4 culturas bacterianas foi retirada da placa de ágar e suspensa em 50pl de solução de lise de colónias (10mmol, Tris-Hcl, pH 7,5, 10mmol EDTA e 50pg /ml de proteinase K).

- A mistura de reação foi incubada a 55 °C durante 15 minutos, seguida de inativação da proteinase K a 80 °C durante 10 minutos. A mistura de reação foi centrifugada a 15.000 rpm a 4 °C durante 15 minutos. O sobrenadante contendo ADN genómico foi diretamente utilizado como modelo na reação de PCR.
- A amplificação por PCR de quase todo o comprimento do gene 16S rRNA foi efectuada com o conjunto de iniciadores específicos para eubactérias 16F27N (5'-CCA GAG TTT GAT CMT GGC TCA -3') e 16R1525 X P (5'-TTC TGC AGT CTA GAA GGA GGT GWT CCA GGC -3') (Pidiyar et al 2002), num volume de reação final de 25pl, contendo cerca de 10ng de ADN genómico, tampão de reação 1X (10mMTris-HCl, pH 8.8 a 25°C , 1,5mM MgCl2, 50mM KCl e 0,1%Triton X-100), 0,4mM (cada) de trifosfatos de desoxinucleósidos (Invitrogen) , 0,5U de DNA Polimerase (New England Labs, UK) e o volume final foi aumentado para 25pl por adição de água estéril isenta de nuclease.
- A PCR foi efectuada num termociclador automático Gene Amp PCR system 9700 (Applied Biosystems, Foster City, EUA) nas seguintes condições. As condições de amplificação foram as seguintes 94°C durante 1 min (desnaturação), 55°C durante 1min (recozimento), 72°C durante 1,30 min (elongação), 72°C durante 10 min de elongação final.
- O produto de PCR esperado, com cerca de 1,5 Kb, foi verificado por eletroforese de 5 pl do produto de PCR em gel de agarose a 1% em tampão 1XTBE e corado com brometo de etídio 0,5 pg/ml.
- Os produtos da PCR foram precipitados por precipitação com PEG - NaCl (20%PEG em 2,5MNaCl) a 37°C durante 30 minutos. A mistura de reação foi centrifugada a 12.000 rpm durante 30 minutos à temperatura ambiente. O sobrenadante foi eliminado e o pellet foi lavado duas vezes com etanol a 70%.
- Depois de secar o sedimento, este foi ressuspendido em 5 pl de água estéril sem nuclease. Um microlitro (50 ng) de produto de PCR purificado foi sequenciado para 1500 pb utilizando o primer interno 16S rRNA e o kit big dye terminator no sequenciador automático de ADN AB 310, conforme descrito nas instruções do fabricante. (Pidiyar[1] et al 2004).
- A análise das sequências foi efectuada no NCBI (http:// www.ncbi.nlm.nih.gov/ BLAST), enquanto o alinhamento das sequências foi efectuado utilizando o programa CLUSTALW no sítio europeu de bioinformática (http://www.ebi.eic.uk/clustalw).[3] Todas as sequências analisadas foram depositadas no GenBank.
  Nota: **BLAST** => Ferramenta de pesquisa básica de alinhamento local.

3.3 Resultados :

Os isolados foram identificados pelo gene 16S rRNA devido ao facto de ser -

1. Conservação (funcional e evolutiva) dos constituintes da síntese proteica.
2. A estrutura conservada facilita a identificação de moléculas homólogas pelo seu tamanho.
3. Informação sequencial suficiente para permitir uma comparação estatisticamente significativa.
4. As regiões conservadas são os alvos dos primers universais de PCR e das sondas de hibridação.
5. O 16S rRNA é uma molécula de eleição.

Quadro 3

Todos os isolados foram identificados por análise de blastos (homologia mais próxima) como:

Nome da inclinação	Identificação da explosão	Número de acesso
26	*Bacillus sp. CNJ826*	DQ448748
B	*Alcanivorax sp.TE-9*	ABO55207
13	*Marinobacter marinus*	AF479689

11	*Marinobacter daepoensis*	AY517633

(Os resultados da explosão são apresentados nas páginas http).
Assim, as bactérias que podem produzir PPO são -
Bacillus sp. DQ 448748, *Alcanivorax sp.* AB O55207, *Marinobacter marinus* AF 479689, *Marinobacter daepoensis* AY 517633. É de notar que, em alguns casos, o mesmo género e espécie apresentam actividades bioquímicas diferentes.

Table 3

Isolamento 26
Isolado da amostra - Água do mar
Gram +ve.
Bastonetes formadores de esporos.
Móvel.
Oxidase positiva.
Identificado como *Bacillus sp. DQ448748.*

>Isolate 26_16SrRNA

ATCATGGCTCAGGACGAACGCTGGCGGCGTGCTTAATACATCCAAGTC
GAGCGAATCTGAGGGAGCTTGCTCCCAAAGATTAGCGGCGGACGGGT
GAGTAACACGTGGGCAACCTGCCTGTAAGGCTGGAACACCTCCGGGA
AACCGGGGCTAATACCGGATAATATCTATTTATACATATAATTAGATTGA
AAGATGGTTCTGCTATCACTTACAGATGGGCCCGCGGCGCATTAGCTA
GTTGGTGAGGTAACGGCTCACCAAGGCGACGATGCGTAGCCGACCTG
AGAGGGTGATCGGCCACACTGGGACTGAGACACGGCCCAGACTCCTA
CGGGAGGCAGCAGTAGGGAATCTTCCGCAATGGACGAAAGTCTGACG
GAGCAACGCCGCGTGAGTGATGAAGGTTTTCGGATCGTAAAACTCTGT
TGTTAGGGAAGAACAAGTATCGGAGTAACTGCCGGTACCTTGACGGTA
CCTAACCAGAAAGCCACGGCTAACTACGTGCCAGCAGCCGCGGTAATA
CGTAGGTGGCAAGCGTTGTCCGGAATTATTGGGCGTAAAGCGCGCGC
AGGCGGTTCCTTAAGTCTGATGTGAAAGCCCACGGCTCAACCGTGGAG
GGTCATTGGAAACTGGGGAACTTGAGTGCAGAAGAGGAAAGTGGAATT
CCAAGTGTAGCGGTGAAATGCGTAGAGATTTGGAGGAACACCACTGGC
GAAGGCGACTTTCTGGTCTGTAACTGACGCTGAGGCGCGAAAGCGTG
GGGAGCAAACAGGATTAGATACCCTGGTAGTCCACGCCGTAAACGATG
AGTGCTAAGTGTTAGAGGGTTTCCGCCCTTTAGTGCTGCAGCAAACGC
ATTAAGCACTCCGCCTGGGGAGTACGACCGCAAGGTTGAAACTCAAAG
GAATTGACGGGGGCCCGCACAAGCGGTGGAGCATGTGGTTTAATTCG
AAGCAACGCGAAGAACCTTACCAGGTCTTGACATCCTCTGACAATCCTA
GAGATAGGACTTTCCCCTTCGGGGGACAGAGTGACAGGTGGTGCATG
GTTGTCGTCAGCTCGTGTCGTGAGATGTTGGGTTAAGTCCCGCAACGA
GCGCAACCCTTGATCTTAGTTGCCAGCATTTAGTTGGGCACTCTAAGGT
GACTGCCGGTGACAAACCGGAGGAAGGTGGGGATGACGTCAAATCAT
CATGCCCCTTATGACCTGGGCTACACACGTGCTACAATGGATGGTACA
AAGGGCTGCAAGACCGCGAGGTTTAGCCAATCCCATAAAACCATTCTC
AGTTCGGATTGTAGGCTGCAACTCGCCTACATGAAGCCGGAATCGCTA
GTAATCGCGGATCAGCATGCCGCGGTGAATACGTTCCCGGTATTTGTA
CACACCGCCCGTCACACCACGAGAGTTTGTAACACCCGAAGTCGGTGG
GGTAACCTTTTGGATCCAACCGCGTAAGTTGGGACAGATGAT

gi|92091066|gb|DQ448748.11 Bacillus sp. CNJ826 PL04 16S ribos... 2752 0.0
gi|62275185|gb|AY880316.11 Bacillus sp. YAS1 16S ribosomal RNA g
2690 0.0
gi|89114294|gb|DQ400692.11 Bacillus granadensis estirpe N30135... 2589 0.0
gi|9864168|gb|AF286486.1 |AF286486 Bacillus sp. VAN35 16S ribosom
2395 0.0

Query=
Length=1476

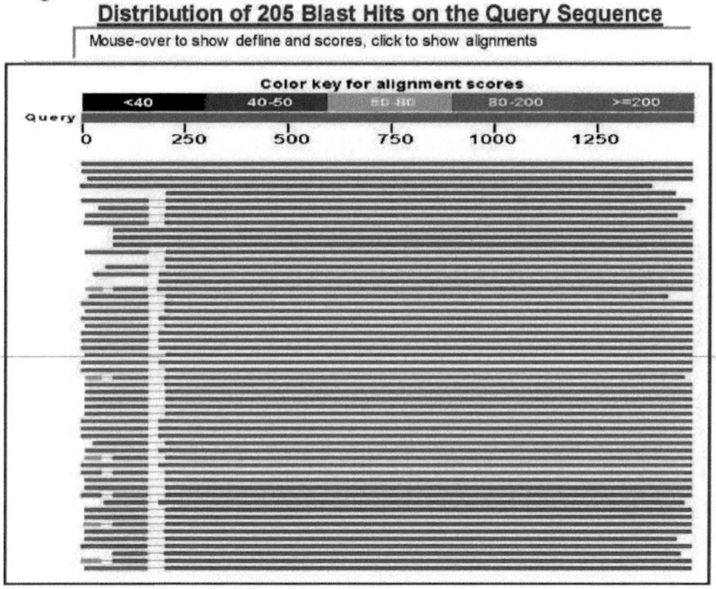

Distribution of 205 Blast Hits on the Query Sequence

Mouse-over to show defline and scores, click to show alignments

Color key for alignment scores

<40 40-50 50-80 80-200 >=200

Query

0 250 500 750 1000 1250

Pontuação E
Sequências que produzem alinhamentos significativos:
(Bits) Valor
gi|92091066|gb|DQ448748.1| Bacillus sp. CNJ826 PL04 16S ribos... 2752 0.0
gi|62275185|gb|AY880316.1| Bacillus sp. YAS1 16S ribosomal RNA g 2690 0.0
gi|89114294|gb|DQ400692.1| Bacillus granadensis estirpe N30135... 2589 0.0
gi|9864168|gb|AF286486.1|AF286486 Bacillus sp. VAN35 16S ribosom 2395 0.0

Isolado B
Isolado da amostra - Água do mar
Gram +ve.
Bastonetes formadores de esporos.
Móvel.
Oxidase positiva.
Identificado como *Alcanivorax sp. AB055207.*

>IsolateB_16SrRNA

TGATCATGGCTCAGATTTATCGCCGGCGGCAGGCCTAACACATGCAAG
TCGAGCGGAAACGATGGGAGCTTGCTCCCAGGCGTCGAGCGGCTGAC
GGGTGAGTAACACGTGGGAATCTGCCCATTAGTGGGGGATAACTCGG
GGAAACTCGAGCTAATACCGCATAATCCCTACGGGGGAAAGCAGGGG
ATCTTCGGACCTTGCGCTGATGGATGAGCCCGCGTCGGATTAGCTTGT
TGGTGGGGTAATGGCCCACCAAGGCGACGATCCGATAGCTGGTCTGA
GAGGATGGCCAGTCACACCGGGACTGAGACACGGCCCGGACTCCTAC
GGGAGGCAGCAGTGGGGAATCTTGGACAATGGGCGCAAGCCTGATCC
AGCCATGCCGCGTGTGTGAAGAAGGCCTTCGGGTTGTAAAGCACTTTC
AGTAGGGAGGAAGGCTTTGGGCTAATACCCTGGAGTACTTGACGTTAC
CTACAGAAAAAGCACCGGCTAATTTCGTGCCAGCAGCCGCGGTAATAC
GAAAGGTGCGAGCGTTAATCGGAATTACTGGGCGTAAAGCGCGCGTA
GGCGGTGTGTTAAGTCGGATGTGAAAGCCCAGGGCTCAACCTTGGAAT
TGCATCCGATACTGGCACGCTAGAGTGCAGTAGAGGGAGGTGGAATTT
CCGGTGTAGCGGTGAAATGCGTAGAGATCGGAAGGAACACCAGTGGC
GAAGGCGGCCTCCTGGACTGACACTGACGCTGAGGTGCGAAAGCGTG
GGGAGCAAACAGGATTAAATACCCTGGTAGTCCACGCCGTAAACGATG
TCTACTAGCCGTTGGGGTCCTTAGTGACTTTGGTGGCGCAGCTAACGC
GATAAGTAGACCGCCTGGGGAGTACGGCCGCAAGGTTAAAACTCAAAT
GAATTGACGGGGGCCCGCACAAGCGGTGGAGCATGTGGTTTAATTCG
ATGCAACGCGAAGAACCTTACCAGGCCTTGACATCCTGCGAACTTTCTA
GAGATAGATTGGTGCCTTCGGGAGCGCAGTGACAGGTGCTGCATGGC
TGTCGTCAGCTCGTGTCGTGAGATGTTGGGTTAAGTCCCGTAACGAGC
GCAACCCTTGTCCTTAGTTGCCAGCACTTCGGGTGGGAACTCTAGGGA
GACTGCCGGTGACAAACCGGAGGAAGGTGGGGACGACGTCAAGTCAT
CATGGCCCTTACGGCCTGGGCTACACACGTGCTACAATGGTTGGTACA
GAGGGTTGCGAAGTCGCGAGGCGGAGCTAATCTCTCAAAGCCAATCGT
AGTCCGGATTGGAGTCTGCAACTCGACTCCATGAAGTCGGAATCGCTA
GTAATCGCGGATCAGAATGCCGCGGTGAATACGTTCCCGGGCCTTGTA
CACACCGCCCGTCACACCATGGGAGTGGATTGCACCAGAAGTAGTTAG
TCTAACCTTCGAGAGCACGATCACCACGGTGTGGTTCATGACTGGTGT
GAAGTCGTAACAAGGTACCCGTAGGGAGACCGTGCGGCTGGAACACC
TCCTT

gi|15425678|dbj|AB055207.1| Alcanivorax sp. TE-9 gene para 1... 1528 0.0
gi|18147139|dbj|AB053132.1| Alcanivorax sp. PR-1 gene for 1... 1509 0.0
gi|28395564|gb|AY189748.1| Alcanivorax sp. B-5 16S ribosoma... 1461 0.0
gi|37911849|gb|AY394865.11 Alcanivorax sp. EPR 6 16S ribossoma... 1400 0.0

Query=
Length=1529

Distribution of 120 Blast Hits on the Query Sequence

Mouse over to see the defline, click to show alignments

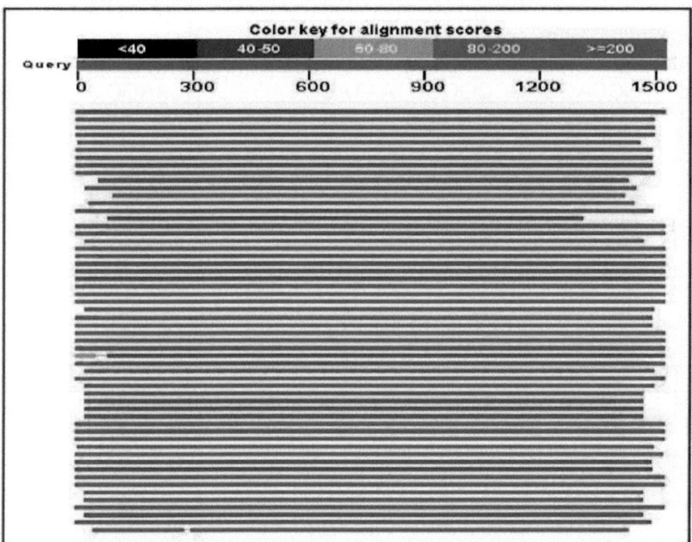

Pontuação E
Sequências que produzem alinhamentos significativos:
(Bits) Valor
gi|154256781dbj|AB055207.11 Alcanivorax sp. TE-9 gene para 16S rR 2872
0.0
gi|18147139|dbj|AB053132.1| Alcanivorax sp. gene PR-1 para 16S... 2849
0.0
gi|50982251 |gb|AY683531.11 Alcanivorax dieselolei estirpe NO1A... 2831
0.0
gi|50982260|gb|AY683537.11 Alcanivorax dieselolei estirpe B-5 ... 2823
0.0
gi|115252820|emb|AJ871930.11 Alcanivorax sp. GPM2509 partial 16S 2779 0.0

Isolamento 13
Isolado da amostra - Água do mar
Gram -ve.
Varas curtas.
Móvel.
Oxidase positiva.
Identificada como *Marinobacter marinus estirpe AF479689.*

>**Isolado13_16SrRNA**

ATTGAACGCTGGCGGCAGGCTTAACACATGCAAGTCGAGCGGAAACGA
TGATAGCTTGCTATCAGGCGTCGAGCGGCGGACGGGTGAGTAATGCTT
AGGAATCCTGCCCAGTAGTGGGGGACAACAGTCGGAAACGGCTGCTA
ATACCGCATACGCCCTACGGGGGAAAGCAGGGGATCTTCGGACCTTG
CGCTATTGGATGAGCCTAAGTCGGATTAGCTAGTTGGTGAGGTAAAGG
CTCACCAAGGCCACGATCCGTAGCTGGTTTGAGAGGATGATCAGCCAC
ATCGGGACTGAGACACGGCCCGAACTCCTACGGGAGGCAGCAGTGGG
GAATATTGGACAATGGGGGCAACCCTGATCCAGCCATGCCGCGTGTGT
GAAGAAGGCTTTCGGGTTGTAAAGCACTTTCAGCGAGGAGGAAGGCTC
TAAAGCTAATACCTTTAGGGATTGACGTTACTCGCAGAAGAAGCACCG
GCTAACTCCGTGCCAGCAGCCGCGGTAATACGGAGGGTGCAAGCGTT
AATCGGAATTACTGGGCGTAAAGCGCGCGTAGGTGGTTGAGTAAGCGA
GATGTGAAAGCCCCGGGCTTAACCTGGGAACGGCATTTCGAACTGCTC
GGCTAGAGTGTGGTAGAGGGTAGTGGAATTTCCTGTGTAGCGGTGAAA
TGCGTAGATATAGGAAGGAACACCAGTGGCGAAGGCGGCTACCTGGA
CCAACACTGACACTGAGGTGCGAAAGCGTGGGGAGCAAACACGAAAA
ATACCCTGGTAGTCCACGCCGTAAACGATGTCAACTAGCCGTTGGGGA
TCTTGAATCCTTAGTGGCGCAGCTAACGCACTAAGTTGACCGCCTGGG
GAGTACGGCCGCAAGGTTAAAACTCAAATGAATTGACGGGGGCCCGCA
CAAGCGGTGGAGCATGTGGTTTAATTCGACGCAACGCGAAGAACCTTA
CCTGGCCTTGACATGCAGAGAACTTTCCAGAGATGGATTGGTGCCTTC
GGGAACTCTGACACAGGTGCTGCATGGCCGTCGTCAGCTCGTGTCGT
GAGATGTTGGGTTAAGTCCCGTAACGAGCGCAACCCCTATCCTTGGTT
GCTAGCAGGTAATGCTGAGAACTCCAGGGAGACTGCCGGTGACAAAC
CGGAGGAAGGTGGGGATGACGTCAGGTCATCATGGCCCTTACGGCCA
GGGCTACACACGTGCTACAATGGCGTATACAGAGGGCTGCCAACTCGC
GAGAGTGAGCCAATCCCTTAAAGTGCGTCGTAGTCCGGATCGCAGTCT
GCAACTCGACTGCGTGAAGTCGGAATCGCTAGTAATCGCGAATCAGAA
TGTCGCGGTGAATACGTTCCCGGGCCTTGTACACACCGCCCGTCACAC
CATGGGAGTGGATTGCACCAGAAGTGGTTAGTCTAACCTTCTGGAGGA
CGATCACCACGGTGTGGTTCATGACTGGGGTGAATTCGTAA

gi|19172384|gb|AF479689.1| Marinobacter marinus estirpe SW-45 ... 2849 0.0
gi|27818815|gb|AY180101.1| Marinobacter excellens estirpe KMM ... 2510 0.0
gi|47155267|emb|AJ704789.1| Marinobacter sp. ws22 partial 16S rR 2450 0.0
gi|22217791 |emb|AJ244728.1|MSP244728 Marinobacter-like sp. V4.MS 2444 0.0
gi|20218945|emb|AJ439500.1|MAR439500 Marinobacter sp. 2Asq64 par 2365 0.0

Query=
Length=1472

Distribution of 206 Blast Hits on the Query Sequence

Mouse over to see the defline, click to show alignments

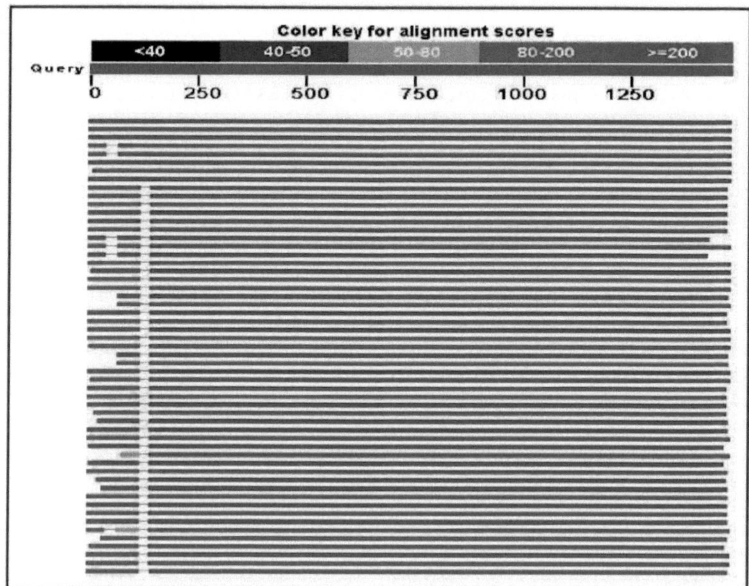

Pontuação E
Sequências que produzem alinhamentos significativos:
(Bits) Valor
qi|19172384|qb|AF479689.1| Marinobacter marinus estirpe SW-45 ... 2849 0.0
qi|84657403|qb|DQ328954.1| Marinobacter sp. BWDY-54 16S ribos... 2849 0.0
qi|27818815|qb|AY180101.1| Marinobacter excellens estirpe KMM ... 2510 0.0
qi|47155267|emb|AJ704789.1| Marinobacter sp. ws22 parcial 16S rR 2450 0.0

Isolar 11
Isolado da amostra - Água do mar
Gram -ve.
Hastes curtas não formadoras de esporos.
Móvel.
Oxidase positiva.
Identificada como *Marinobacter daepoensis estirpe SW AY517633*.

>Isolate11_16SrRNA

ATTGAACGCTGGCGGCAGGCTTAACACATGCAAGTCGAGCGGTAACAG
GGGTAGCTTGCTACCCGCTGACGAGCGGCGGACGGGTGAGTAATGCT
TAGGAATCTGCCCAGTAGTGGGGGACAACAATCGGAAACGGTTGCTAA
TACCGCATACGTCCTACGGGAGAAAGCAGGGGATCTTCGGACCTTGCG
CTATTGGATGAGCCTAAGTCGGATTAGCTAGTTGGTGGGGTAATGGCC
TACCAAGGCGACGATCCGTAGCTGGTCTGAGAGGATGATCAGCCACAT
CGGGACTGAGACACGGCCCGAACTCCTACGGGAGGCAGCAGTGGGG
AATATTGGACAATGGGGGAAACCCTGATCCAGCCATGCCGCGTGTGTG
AAGAAGGCTTTCGGGTTGTAAAGCACTTTCAGTAGGGAGGAAAACCTT
ATGGTTAATACCCATAGGGCTTGACGTTACCTACAGAAGAAGCACCGG
CTAACTCCGTGCCAGCAGCCGCGGTAATACGGAGGGTGCAAGCGTTA
ATCGGAATTACTGGGCGTAAAGCGCGCGTAGGTGGTTTGGTAAGCGAG
ATGTGAAAGCCCTGGGCTTAACCTGGGAACGGCATTTCGAACTGCCAG
GCTAGAGTGTGGTAGAGGGTAGTGGAATTTCCTGTGTAGCGGTGAAAT
GCGTAGATATAGGAAGGAACATCAGTGGCGAAGGCGGCTACCTGGA
CCAACACTGACACTGAGGTGCGAAAGCGTGGGGAGCAAACAGGGATT
AGATACTCTGGTAGTCCACGCCGTAAACGATGTCAACTAGCCGTTGGG
GATCTTGAATCCTTAGTGGCGCAGCTAACGCACTAAGTTGACCGCCTG
GGGAGTACGGCCGCAAGGTTAAAACTCAAATGAATTGACGGGGGCC
CGCCACAAGCGGTGGAGCATGTGATTAATTCGACGCAACGCGAAGAAC
CTTACCTGACCTTGACATCCTGCGACTTCTAGAGATAGAATGGTTGCCT
TCGGGAACGCAGTGACAGGTGCTGCATGGCCGTCGTCAGCTCGTGTC
GTGAGATGTTGGGTTAAGTCCCGTAACGAGCGCAACCCCTATCCCTGG
TTGCTAGCAGGTAATGCTGAGAACTCCAGGGAGACTGCCGGTGACAAA
CCGGAGGAAGGTGGGGATGACGTCAGGTCATCATGGCCCTTACGGCC
AGGGCTACACACGTGCTACAATGGTGCGTACAGAGGGCTGCCAACTC
GCGAGAGTGAGCCAATCCCTTAAAACGCATCGTAGTCCGGATCGGAGT
CTGCAACTCGACTCCGTGAAGTCGGAATCGCTAGTAATCGCGAATCAG
AATGTCGCGGTGAATACGTTCCCGGGCCTTGTACACACCGCCCGTCAC
ACCATGGGAGTGGATTGCACCAGAAGTAGTTAGTCTAACCTTCGGGAG
GACGATTACCACGGTGTGGTTCATGACTGGGGTGAAGTCGTAACAAGG
TAGCCGTAGGGGAACCTGC

gi|41387678|gb|AY517633.1| Marinobacter daepoensis estirpe SW-... 2767 0.0
gi|47155267|emb|AJ704789.1| Marinobacter sp. ws22 partial 16S rR 2409 0.0
gi|2370261|emb|AJ000726.1|MAAJ726 Marinobacter aquaeolei 16S rRN
2367 0.0
gi|1511642|gb|U61848.1|MCU61848 Marinobacter sp. CAB 16S ribosom
2367 0.0
gi|4049474|emb|Y16735.1|MHY16735 Marinobacter hydrocarbonoclasti
2363 0.0

Query=
Length=1498

Distribution of 201 Blast Hits on the Query Sequence

Mouse over to see the defline, click to show alignments

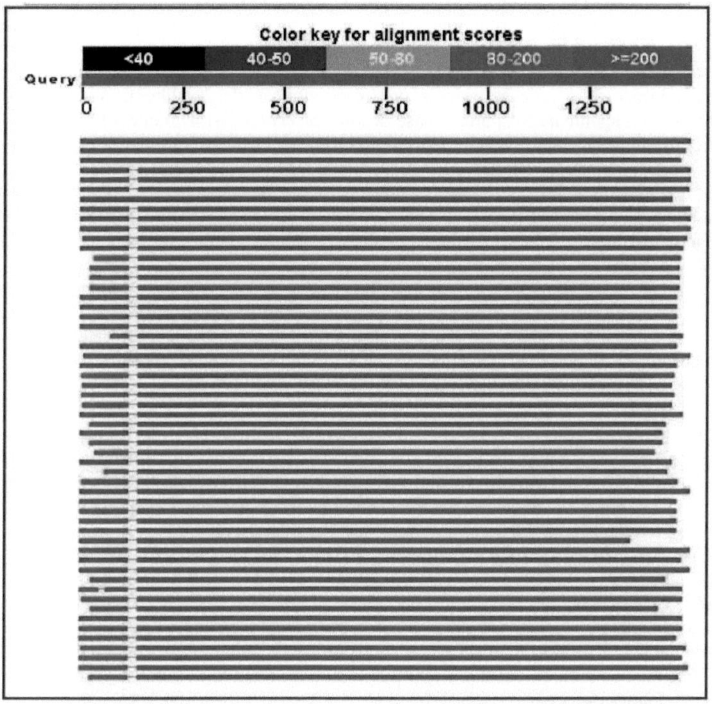

Color key for alignment scores

<40 | 40-50 | 50-80 | 80-200 | >=200

Query

0 250 500 750 1000 1250

Pontuação E
Sequências que produzem alinhamentos significativos (Bits) Valor gi|41387678|gb|AY517633.1| Marinobacter daepoensis estirpe SW-... 2767 0.0
gi|81296513|gb|DQ235263.1| Marinobacter vinifirmus estirpe FBI... 2424 0.0
gi|47155267|emb|AJ704789.1| Marinobacter sp. ws22 partial 16S rR 2409 0.0
gi|2370261|emb|AJ000726.1|MAAJ726 Marinobacter aquaeolei 16S rRN
2367 0.0

3.4 Manutenção da cultura:

Todas as estirpes produtoras de polifenol oxidase foram mantidas em placas de ágar nutriente marinho. Os slants foram regularmente subcultivados e conservados a 4^0 C no frigorífico.

3.5 Discussão:

As bactérias que têm a capacidade de produzir PPO foram isoladas de amostras de água do mar. Apenas as bactérias foram isoladas e preferidas para os trabalhos posteriores porque são mais fáceis de cultivar e crescem mais rapidamente do que as leveduras e os fungos, além de que as bactérias são mais susceptíveis de serem manipuladas por técnicas simples de biologia molecular. Foram identificadas quatro culturas bacterianas com a capacidade de produzir PPO.

As culturas produtoras de PPO identificadas *Bacillus sp.* DQ 448748, *Alcanivorax sp.* AB O55207 eram gram positivas e não móveis, enquanto *Marinobacter marinus* AF 479689, Marinobacter daepoensis AY 517633 eram gram negativas e não móveis.

Capítulo 4

PRODUÇÃO E PURIFICAÇÃO DE ENZIMAS

4. Produção e purificação de enzimas:

4.1 Produção de enzimas:

A produção de enzimas em grande escala é efectuada utilizando o fermentador automatizado Biostat B, 5 Lit. (B.Braun Biotech International, Alemanha). Prepara-se 1,5 litros de caldo marinho e adiciona-se 75 ml de inóculo pré-inoculado com 24 horas de idade. Foram utilizados diferentes parâmetros, ou seja, temperatura (30^0 C), pH 7,5, agitação (120rpm), arejamento (PO2 38%). Durante a fermentação, foi fornecido 1% de sacarose a uma concentração de 2 ml/hora. A espuma foi controlada utilizando um agente anti-espuma à base de silicone (Himedia). Durante a fermentação / execução do lote, foram recolhidos 2 ml de caldo fermentado após cada 1 hora, tendo as amostras sido analisadas quanto à atividade enzimática. O processo de fermentação foi interrompido após 19 horas, uma vez que mostra a produção máxima de enzimas. As células foram removidas por centrifugação, a 8000 rpm. durante 5min e o sobrenadante foi utilizado para a purificação da enzima.

4.2 Purificação da enzima:

4.2.1 Purificação parcial

O método utilizado foi a técnica de salting-out. Precipitou-se 1,5 litros de sobrenadante com sulfato de amónio (50% de saturação) e manteve-se a 4^0 C durante 12 horas. A enzima precipitada foi separada por centrifugação a 8000 rpm durante 10 minutos, o precipitado foi dissolvido numa pequena porção de tampão fosfato pH 7,2 e dialisado a 4^0 C em tubos de diálise de celulose (Himedia) durante 18 horas, com três mudanças de tampão.

4.2.2 Filtração em gel:

Na cromatografia de filtração em gel, em primeiro lugar, o Sephadex G-100 (Sigma, diâmetro do leito seco 20-50pm) foi embebido em 100 ml de tampão fosfato 0,2 mM. A coluna foi preparada utilizando o gel; a coluna foi equilibrada passando através dela tampão fosfato 0,01M. O dialisado foi passado através da coluna. A taxa de eluição foi ajustada para 0,5 ml / min. O eluato foi recolhido em volumes de 4 ml em tubos com um coletor de fracções. Cada fração de 4 ml foi examinada a 280 nm para determinar o teor de proteínas e a atividade enzimática. As fracções com atividade de PPO foram agrupadas e dialisadas contra tampão fosfato 0,2 mM a 4^0 C durante 8 horas.

4.2.3 Resultados e discussão:

A purificação da enzima é efectuada passo a passo por precipitação com sal a 50%, diálise e cromatografia em coluna utilizando Sephadex G - 100 equilibrado com tampão fosfato de potássio 0,01M pH 7,0. Verificou-se a absorvância a 280 nm de cada fração, tendo-se combinado as fracções que apresentavam a leitura máxima.

Foram testadas várias precipitações com sulfato de amónio sólido entre 20 e 80% para encontrar o ponto de saturação adequado. Como resultado, verificou-se que a atividade enzimática do precipitado a 50% de saturação com sulfato de amónio era a mais elevada e este ponto de saturação foi utilizado para a extração
processo.

A concentração de proteínas foi medida de acordo com o método de Biureto. A concentração proteica da enzima purificada é de 4,4 mg/ml. A pureza da enzima foi de 33,83%.

Os resultados da purificação da enzima são apresentados no quadro e o perfil de eluição da enzima a partir de Sephadex G - 100 revelou fracções de proteínas apresentadas na figura.

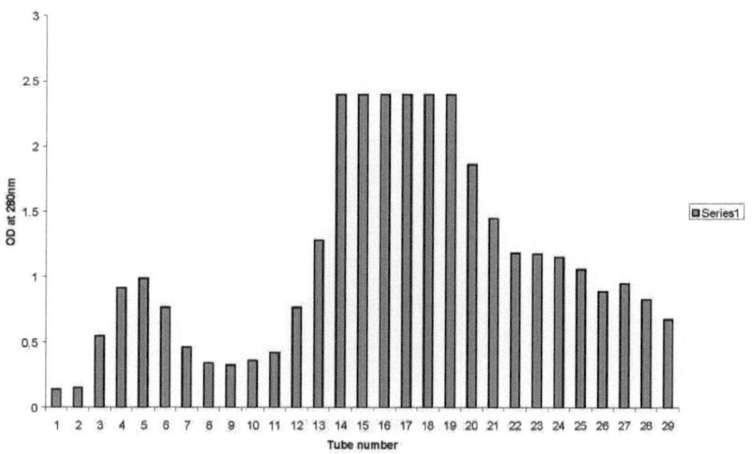

Figura 4 Perfil de eluição da proteína.

Quadro 8: Purificação da polifenol oxidase.

Etapa	Volume ml	Proteína mg	Atividade total do GOT Unidades*	Atividade específica GOT Unidades/mg	Dobra Purificada	Purificação %
Fração I (extrato bruto centrifugado)	1500	4212.3	384	0.09	1	0
Fração II (saturação com sulfato de amónio a 50%)	275	253.2	289	1.14	12.6	1.26
Após a diálise	100	12.6	204	16.19	179.8	17.98
Após filtração em gel	45	4.4	134	30.45	338.3	33.83

4. 3Estabilidade da enzima:

Para verificar a estabilidade da PPO, a enzima foi armazenada a 4° c e a sua atividade foi verificada todos os dias utilizando catecol como substrato para saber se existe alguma alteração na sua atividade.

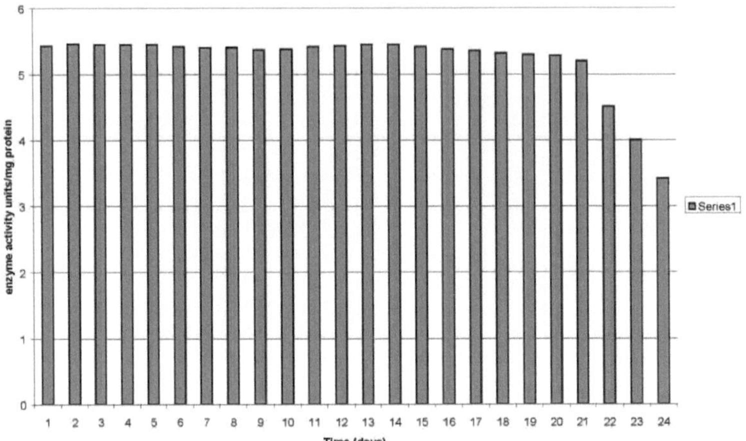

Figura 5 Estabilidade da enzima.

A partir dos resultados apresentados no gráfico, observou-se que a enzima é estável até 20 dias e depois a atividade diminui lentamente.

4.4 Imobilização de enzimas:

As enzimas imobilizadas estão a tornar-se cada vez mais populares como reagentes químicos analíticos reutilizáveis e selectivos em reactores de fluxo em fase sólida, como membranas em sensores e como filmes em kits de reagentes secos. As enzimas imobilizadas foram definidas como enzimas que estão fisicamente confinadas ou localizadas, com retenção da sua atividade catalítica, e que podem ser utilizadas repetida e continuamente. Existe uma variedade de métodos pelos quais as enzimas podem ser localizadas, desde a ligação química covalente até ao aprisionamento físico (P. *J.* Worsfold, 1995).

Foram efectuados estudos preliminares de imobilização de enzimas utilizando alginato de sódio, que se revelaram úteis.

4.4.1 Material e métodos:

Dissolver 6 g de alginato de sódio em 100 ml de D/W para obter uma solução a 6%. Misturar cerca de 1 ml de polifenol oxidase com 10 ml de solução de alginato de sódio a 6% (em peso). As esferas são formadas gotejando a solução de polímero de uma altura de aproximadamente 20 cm para um excesso (100 ml) de solução de CaCl2 0,2M agitada com uma seringa e uma agulha à temperatura ambiente. O tamanho do grânulo pode ser controlado pela pressão da bomba e pelo calibre da agulha. Uma agulha hipodérmica típica produz esferas de 0,5-2 mm de diâmetro. Podem ser obtidas outras formas utilizando um molde cuja parede seja permeável aos iões de cálcio.

Deixar as pérolas na solução de cálcio a curar durante 0,5 a 3 horas. Em seguida, as

A atividade das PPOs foi verificada utilizando o catecol como substrato.

4.4.2 Resultados e discussão:

A enzima polifenol oxidase foi imobilizada com alginato de sódio. A atividade enzimática foi verificada utilizando catecol como substrato, tendo-se verificado que a atividade da enzima imobilizada era de 35,6 u/mg de proteína. A enzima livre apresenta uma atividade de 40,4 u/mg de proteína.

Capítulo 5

EFEITO DOS FACTORES FÍSICOS E QUÍMICOS SOBRE ENZIMAS

5. Efeito de factores físicos e químicos na enzima:

5.1 Efeito do pH na enzima:

5.1.1 Introdução:

As enzimas são moléculas anfotéricas que contêm um grande número de grupos ácidos e básicos, situados principalmente na sua superfície. As cargas destes grupos variam, de acordo com as suas constantes de dissociação ácida, com o pH do seu ambiente (Tabela 9). Isto afectará a carga líquida total das enzimas e a distribuição da carga nas suas superfícies exteriores, para além da reatividade dos grupos cataliticamente activos. Estes efeitos são especialmente importantes na vizinhança dos sítios activos. Em conjunto, as alterações das cargas com o pH afectam a atividade, a estabilidade estrutural e a solubilidade da enzima.
Haverá um pH caraterístico de cada enzima, no qual a carga líquida da molécula é zero. Este é o chamado ponto isoelétrico (pI), no qual a enzima tem geralmente uma solubilidade mínima em soluções aquosas. De forma semelhante ao efeito sobre as enzimas, a carga e a distribuição de carga no(s) substrato(s), produto(s) e coenzimas (quando aplicável) também serão afectadas pelas alterações de pH. O aumento da concentração de iões de hidrogénio irá, adicionalmente, aumentar a competição bem sucedida dos iões de hidrogénio por quaisquer locais de ligação catiónica de metais na enzima, reduzindo a concentração de catiões metálicos ligados. A diminuição da concentração de iões hidrogénio, por outro lado, leva ao aumento da concentração de iões hidroxilo, que competem com os ligandos das enzimas pelos catiões divalentes e trivalentes, provocando a sua conversão em hidróxidos e, em concentrações elevadas de hidroxilo, a sua remoção completa da enzima.

Tabela 9: pKasa e calores de ionizaçãob dos grupos ionizantes normalmente encontrados nas enzimas.

Grupo	**PK habitual[a] gama**	**Aproximado carga a pH 7**	**Calores de ionização (kJ mol)[-1]**
Carboxilo (C-terminal, ácido glutâmico, ácido aspártico)	3 - 6	-1.0	± 5
Amónio (N-terminal) (lisina)	7 - 9	+1.0	+45
	9 - 11	+1.0	+45
Imidazolilo (histidina)	5 - 8	+0.5	+30
Guanidil (arginina)	11 - 13	+1.0	+50
Fenólicos (tirosina)	9 - 12	0.0	+25
Tiol (cisteína)	8 - 11	0.0	+25

[a] O pKa (definido como **-Log10(Ka)**) é o pH ao qual metade dos grupos estão ionizados. Note-se a semelhança entre o **Ka** de um ácido e o **Km** de um
da enzima, que é a concentração de substrato para a qual metade das moléculas da enzima têm substrato ligado.
[b] Por convenção, o calor (entalpia) de ionização é positivo quando o calor é retirado da solução circundante

(ou seja, a reação é endotérmica) pela dissociação dos iões de hidrogénio.

Foi relatado que a polifenol oxidase extraída de diferentes fontes apresenta variações no seu pH ótimo, a PPO da pele *da alcachofra de Jerusalém* tinha um pH ótimo de 7,5, a polpa 8,0 (Emine et al 2001), a da *Colocasia antiquorum* tinha um pH ótimo de 6,5 (Ahmet et al 1997), 5,0 pH para a jaca (Antiono et al, 2002), para as folhas de tabaco pH 7.0 (Chunhua et al, 2001), 7,0 pH para *Solanum melangena* (Erhan et al 1998), pH 5,0 para *Marinomonas mediterranea* (Francisco et al 1997), pH 7,5 para *Streptomyces sp.* REN-21 (Masaaki et al 2000), pH 5,6 para *Streptomyces cyaneus* (M. Enriqueta etal 2003), pH 6,0 para *Dolichos lablab* (santosh etal 2006),

5.1.2 Material e métodos

A taxa de oxidação do catecol pela polifenol oxidase foi estudada na gama de pH 5,0 - 8,0 e a concentração de catecol foi de 7 mM. Foram utilizados tampões adequados (0,1 mM de citrato para pH 4,0 - 5,5, 0,2 mM de fosfato 5,5 - 7,0 e 0,05 mM de tris HCL para pH 7,0 - 9,2).

Incubar 100pl de enzima em série em 1ml de tampão de pH diferente durante 10 min, adicionar 1ml de diluição de catecol 7mM e 3ml de D/W, ler a absorvância a 540 nm durante 10 min.

5.1.3 Resultados:

Tabela 10: Efeito do pH na atividade da PPO.

pH	5.0	5.5	6.0	6.5	7.0	7.5	8.0
Atividade Unidades/mg de proteína	2.04	2.72	2.72	3.63	2.72	1.36	1.81

A atividade da polifenol oxidase é medida no intervalo de pH 5,0 - 8,0 com catecol 7mM como substrato. A partir dos resultados apresentados na tabela no. 10 e no gráfico (fig. n.º 6), verificou-se que o pH ótimo para a atividade da PPO era de 6,5, a maioria das PPO bacterianas apresenta uma atividade máxima na gama de pH 5,0 - 7,5 (Francisco et al 1997, Masaaki et al 2000, M. Enriqueta etal 2003),

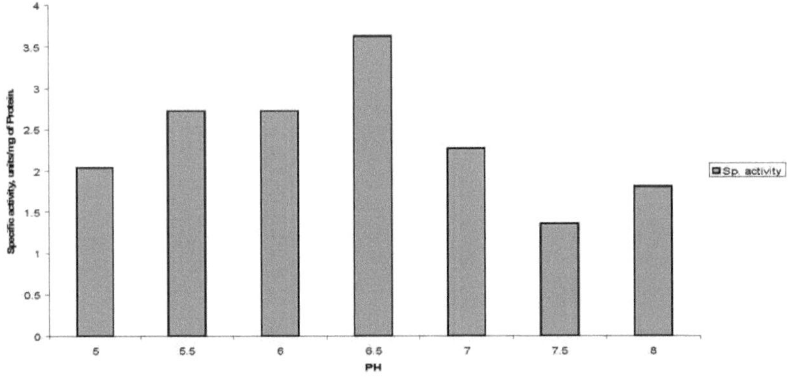

Figura 6: Efeito do pH na atividade da PPO.

5.2 Efeito da concentração de substrato na enzima:

5.2.1 Introdução:

A velocidade de uma reação enzimática aumenta com o aumento da concentração de substrato (fig. 7). Para uma dada quantidade de enzima, chega-se a um ponto em que qualquer aumento adicional na concentração de substrato não aumenta a velocidade de reação. Isto deve-se ao facto de, em concentrações elevadas, os locais activos das moléculas de enzima em qualquer movimento estarem virtualmente saturados com substrato. Nesta altura, qualquer substrato adicional tem de esperar até que o complexo enzima - substrato se tenha dissociado em produto e libertado a enzima. Assim, em concentrações elevadas de substrato, tanto a concentração de enzima como o tempo necessário para a dissociação do complexo enzima-substrato limitam a velocidade da reação enzimática.

Se a quantidade de enzima for mantida constante e a concentração de substrato for aumentada gradualmente, a velocidade da reação aumentará até atingir um máximo. Após este ponto, o aumento da concentração de substrato não aumentará a velocidade (delta A/delta T). Esta situação é representada graficamente na Figura 7.

Teoriza-se que quando esta velocidade máxima é atingida, toda a enzima disponível foi convertida em ES, o complexo enzima-substrato.

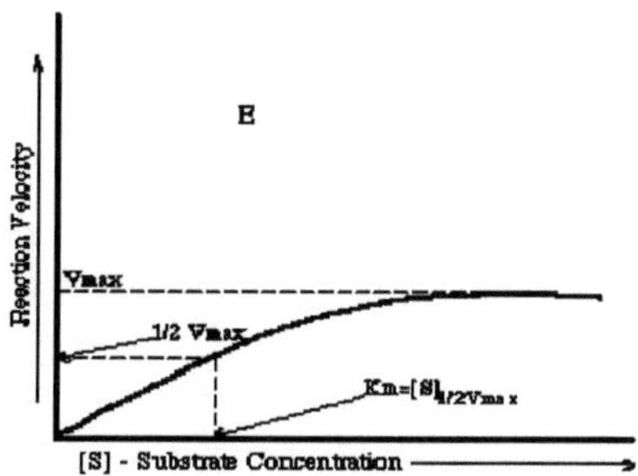

Figura 7: Efeito da concentração de substrato na atividade enzimática.

5.2.2 Material e métodos:

A taxa de oxidação do catecol pela polifenol oxidase foi estudada com diferentes intervalos de concentração de catecol de 1mM - 10mM a um pH constante de 6,0.

Protocolo de ensaio:

1ml de catecol de diferentes diluições (1mM - 10mM)
+
3ml D/W
+
1 ml de tampão fosfato 0,2 mM 6,0
+
100pl de enzima
ler a absorvância a 540 nm durante 10 minutos.

5.2.3 Resultados:

Tabela 11: efeito da concentração de substrato na atividade da PPO.

Concentração de catecol (mM)	**Absorvância a 540nm**	**Atividade específica** (unidades/mg de proteína)
1	0.010	2.27
2	0.015	3.40

3	0.017	3.86
4	0.022	5.00
5	0.019	4.31
6	0.023	5.22
7	**0.025**	**5.68**
8	0.024	5.45
9	0.024	5.45
10	0.024	5.45

A taxa de oxidação do catecol pela polifenol oxidase foi estudada com diferentes concentrações de catecol, de 1 a 10 mM, a um pH constante de 6,0. A partir dos resultados apresentados na tabela no. 11 e no gráfico (fig. n.º 8), verificou-se que a atividade óptima da PPO foi observada a uma concentração de catecol de 7 mM.

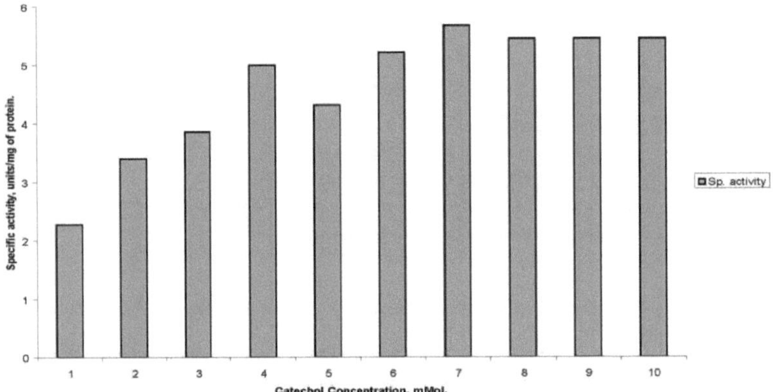

Figura 8: Efeito da concentração de substrato na atividade da PPO.

5.3 Efeito da temperatura na enzima:

5.3.1 Introdução:

Tal como a maioria das reacções químicas, a taxa de uma reação catalisada por uma enzima aumenta com o aumento da temperatura. Um aumento de dez graus centígrados na temperatura aumentará a atividade da maioria das enzimas em 50 a 100%. Variações na temperatura da reação tão pequenas como 1 ou 2 graus podem introduzir alterações de 10 a 20% nos resultados. No caso das reacções enzimáticas, isto é complicado pelo facto de muitas enzimas serem afectadas negativamente por temperaturas elevadas. Como se mostra na Figura 9, a taxa de reação aumenta com a temperatura até um nível máximo, diminuindo depois abruptamente com o aumento da temperatura. Dado que a maioria das enzimas se desnatura rapidamente a temperaturas superiores a 40<, a maioria das determinações enzimáticas é efectuada ligeiramente abaixo dessa temperatura

Figura 9: Efeito da temperatura na atividade enzimática.

5.3.2 Material e métodos:

A taxa de oxidação do catecol pela polifenol oxidase foi estudada com diferentes intervalos de temperatura de 20 - 70^0 C a um pH constante de 6,0 e concentração de substrato de 7 mM.

Protocolo de ensaio:

3 ml de D/W

+

1 ml de tampão fosfato 0,2 mM

+

1ml de diluição de catecol 7mM

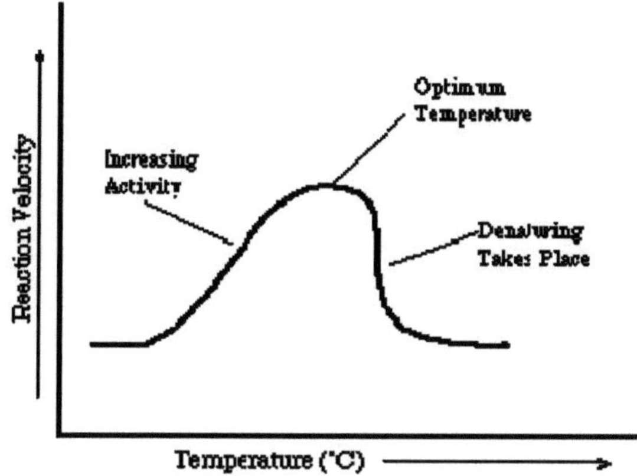

Incubar à respectiva temperatura durante 10 minutos.

De seguida, adicionar 100 pl de enzima.

Ler a absorvância a 540 nm durante 10 minutos.

5.3.3 Resultados:

Tabela 12: Efeito da temperatura na atividade da PPO.

Temperatura 0C	**Absorvância a 540nm**	**Atividade específica** (unidades/mg de proteína)
20	0.029	6.59
30	**0.033**	**7.50**
40	0.030	6.81
50	0.031	7.00
60	0.028	6.36
70	0.029	6.59

A taxa de oxidação do catecol pela polifenol oxidase foi estudada com diferentes intervalos de temperatura de 20 - 70^0 C a um pH constante de 6,0. A partir dos resultados apresentados na tabela no. 12 e no gráfico (fig. nº 10), verificou-se que a atividade óptima da PPO foi observada à temperatura de 30^0 C.

A maioria das PPO bacterianas apresenta uma atividade máxima entre 35 e 70^0 C (Francisco et al 1997, Masaaki et al 2000, M. Enriqueta etal 2003),

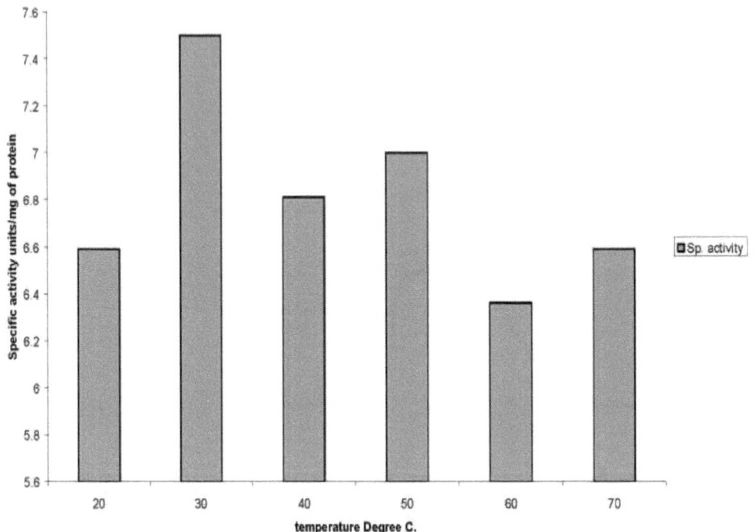

Figura 10: Efeito da temperatura na atividade da PPO.

5.4 Efeito de diferentes iões metálicos na atividade enzimática:

5.4.1 Introdução:

Os sais metálicos envolvidos na catálise apresentam diferentes acções como

1) Estimulante:
   Os sais metálicos estimulantes são também conhecidos como activadores ou cofactores de enzimas, uma vez que aumentam significativamente a taxa de reação.
2) Inibitório:
   Os sais metálicos inibidores são também conhecidos como inibidores enzimáticos, diminuem a velocidade da reação ou, por vezes, param totalmente a reação.

Nesta experiência, o efeito de diferentes sais metálicos na taxa de reação da polifenol oxidase foi observado utilizando o catecol como substrato, para descobrir quais os sais metálicos que apresentam um efeito inibidor ou estimulador para esta enzima.

5.4.2 Material e métodos:

Para detetar o efeito de diferentes iões metálicos na polifenol oxidase, foram preparadas soluções de sais metálicos (BaSO4, CuSO4, FeCl2, MgSO4, MnSO4, SnCl2, HgCl2, CaCl2, ZnCl2, EDTA) em concentrações variáveis (1 mM, 0,5 mM, 0,25 mM). A taxa de oxidação do catecol pela polifenol oxidase foi estudada com diferentes soluções de sais metálicos com concentrações variáveis a um pH constante de 6,0 e a uma concentração de substrato de 7 mM.

Protocolo de ensaio:

1 ml de diluição metálica + 100 pl de enzima
Incubar à temperatura ambiente durante 10 min
+
3 ml D/W
+
1 ml de tampão fosfato 0,2 mM
+
1ml de diluição de catecol 7mM
Ler a absorvância a 540 nm durante 10 minutos.

5.4.3 Resultados e discussões:

Tabela 13: Efeito dos iões metálicos com concentração variável na atividade da PPO.

Controlo (sem metal) - Sp. Atividade 8,04 unidades / mg proteínas.

Sal metálico	**Concentração de metal mM**	**Sp. Atividade** Unidades/mg de proteínas
BaSo4	1	7.04
	0.5	6.13
	0.25	7.95
CuSO4	1	1.59
	0.5	2.04
	0.25	3.40
FeCl2	1	38.63
	0.5	10.68
	0.25	16.36
MgSO4	1	7.27
	0.5	6.59
	0.25	2.27
MnSO4	1	22.7
	0.5	22.5
	0.25	19.77

Sal metálico	**Concentração de metal mM**	**Sp. Atividade** Unidades/mg de proteínas
SnCl2	1	0.0
	0.5	5.68

Sal metálico	Concentração de metal mM	Sp. Atividade Unidades/mg de proteínas
	0.25	7.95
HgCl2	1	30.45
	0.5	18.18
	0.25	11.13
CaCl2	1	9.77
	0.5	11.36
	0.25	11.36
ZnCl2	1	4.54
	0.5	6.13
	0.25	6.81
EDTA	1	2.5
	0.5	5.90
	0.25	3.63

Pode ser visto na tabela acima no. 13 que os diferentes sais metálicos têm efeito sobre a atividade enzimática. Na presença de **BaSO4**, **MgSO4**, CaCl2, a atividade enzimática permanece constante. Na presença de **CuSO4**, **SnCl2**, **ZnCl2**, EDTA a atividade enzimática diminui e na presença de **FeCl2**, HgCl2 a atividade enzimática aumenta até 3 - 5 vezes.

Como na presença de **FeCl2**, a atividade enzimática do HgCl2 aumentou 3 a 5 vezes. Foi efectuado um estudo mais aprofundado utilizando diferentes diluições de HgCl2 e FeCl2 e verificou-se o seu efeito na atividade enzimática. Verificou-se que, a uma concentração de 2 mM de HgCl2, a enzima apresenta uma atividade 10 vezes superior e, a 0,80 mM de FeCl2, uma atividade 4 vezes superior. Os resultados são apresentados na tabela n.º 14, 15 e no gráfico (figura n.º 11, 12).

Tabela 14: Efeito do FeCl2 na atividade enzimática:

Concentração de FeCl2 mM	Sp. Atividade Unidades/mg de proteínas
0.20	2.72
0.40	6.13
0.60	7.27

0.80	10.90
1.00	7.72
1.20	7.04
1.40	5.90

Tabela 15: Efeito do HgCl2 na atividade enzimática:

Concentração de HgCl2 mM	**Sp. Atividade** Unidades/mg de proteínas
0.20	5.45
0.40	6.13
0.60	13.18
0.80	14.54
1.00	25.0
1.20	30.68
1.40	42.72
1.60	40.45
1.80	51.59
2.00	55.0
2.20	47.95
2.40	46.13
2.60	22.27
2.80	19.54
3.00	18.18

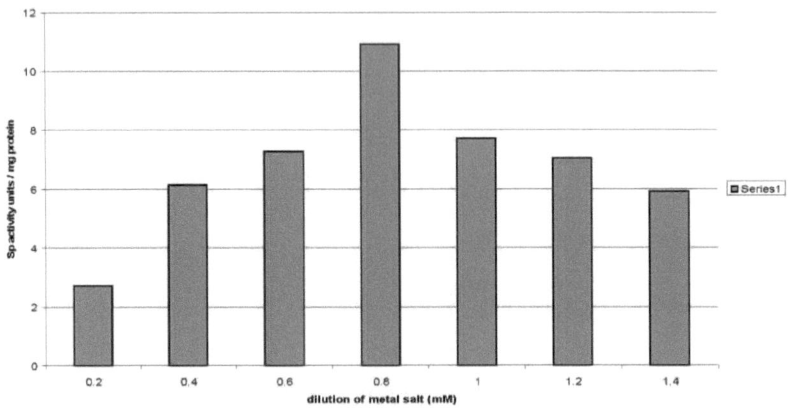

Figura 11: Efeito do FeCl2 na atividade enzimática.

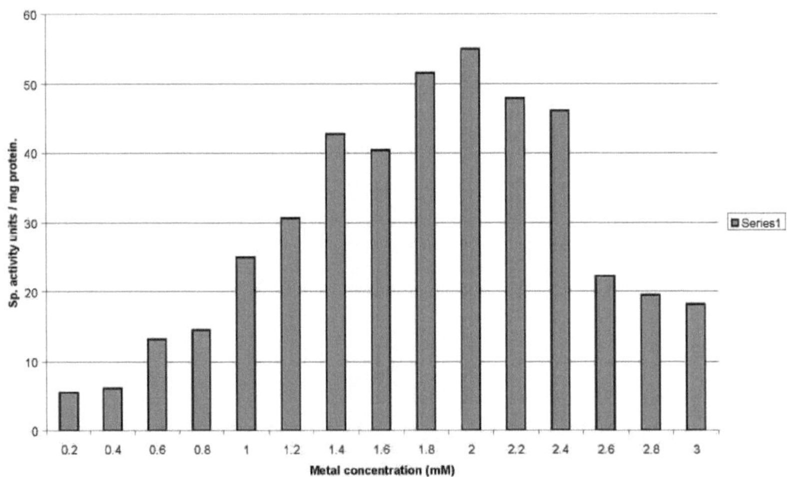

Figura 12: Efeito do HgCl2 na atividade enzimática.

5.5 Efeito do NaCl na polifenol oxidase:

Há relatos na literatura sobre a inibição da PPO pelo NaCl (Chan e Wang 1995, Li, 2003) e também que a PPO pode ser activada pelo NaCl (Ming Hui Fan et al 2005). Assim, foi realizada uma experiência para verificar o efeito do NaCl na atividade da PPO.

Foram tomadas diferentes concentrações, de 0,5M a 5M, e o efeito destas na atividade da PPO foi verificado,

Resultados:

Tabela 16: Efeito do NaCl na atividade da PPO.

Diluição de NaCl (M)	Atividade enzimática (unidades/mg de proteína)
0.5	4.77

1.0	5.22
1.5	5.22
2.0	4.09
2.5	4.13
3.0	5.22
3.5	3.63
4.0	4.09
4.5	5.22
5.0	3.72
Controlo sem NaCl	5.0

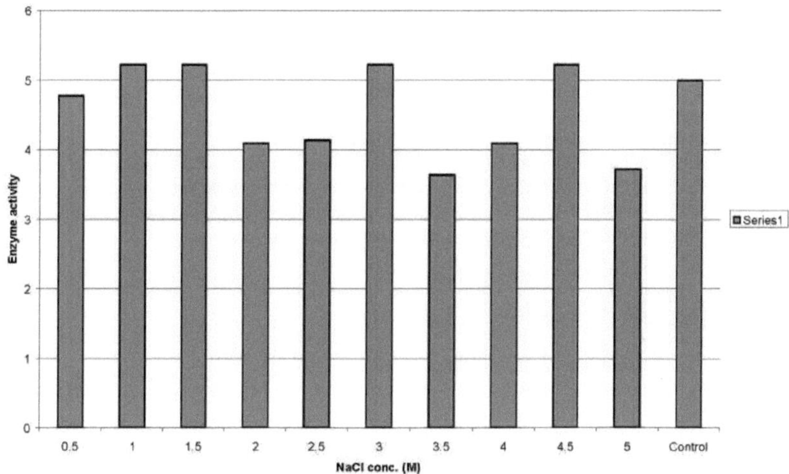

Figura 13: Efeito do NaCl na atividade da PPO.

A partir dos resultados apresentados na tabela n.º 16 e no gráfico (fig. n.º 13), verificou-se que não houve alteração na atividade da enzima. Isto pode dever-se ao facto de a fonte da enzima ser uma bactéria halofílica.

Capítulo 6

CINÉTICA ENZIMÁTICA

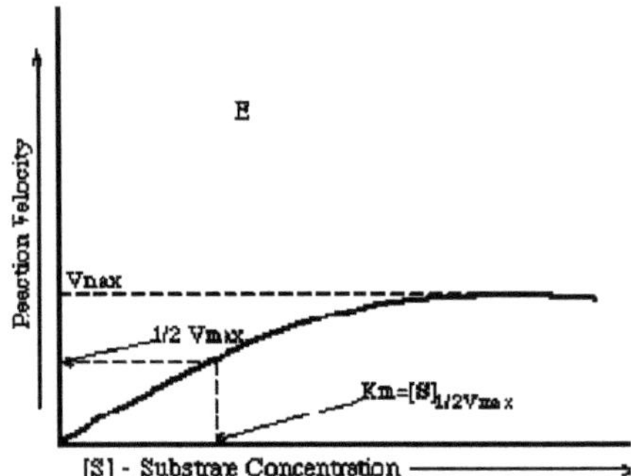

6. Cinética enzimática:

6.1 Introdução:

Verificou-se que, se a quantidade de enzima for mantida constante e a concentração de substrato for aumentada gradualmente, a velocidade da reação aumentará até atingir um máximo. Após este ponto, o aumento da concentração de substrato não aumentará a velocidade (delta A/delta T). Esta situação é representada graficamente na Figura 14.

Figura 14: Efeito da concentração de substrato na atividade enzimática.

Teoriza-se que quando esta velocidade máxima é atingida, toda a enzima disponível foi convertida em ES, o complexo enzima-substrato. Este ponto no gráfico é designado por Vmax. Utilizando esta velocidade máxima e a equação (7), Michaelis desenvolveu um conjunto de expressões matemáticas para calcular a atividade enzimática em termos de velocidade de reação a partir de dados laboratoriais mensuráveis.

$$E + S \underset{K_{-1}}{\overset{K_{+1}}{\rightleftharpoons}} ES \underset{K_{-2}}{\overset{K_{+2}}{\rightleftharpoons}} P + E \qquad [7]$$

A constante de Michaelis Km é definida como a concentração de substrato a 1/2
a velocidade máxima. Isto é mostrado na Figura 14. Utilizando esta constante e o facto de Km também poder ser definido como:

$$Km = \frac{K_{+1} + K_{+2}}{K_{-1}} = [S]_{\frac{V_{max}}{2}}$$

K^{+1}, K^{-1} e K^{+2} são as constantes de velocidade da equação (7). Michaelis desenvolveu a seguinte fórmula

$$V_1 = \frac{V_{max}[S]}{K_m + [S]}$$

aqui

V t = a velocidade em qualquer momento

[3] = a concentração de substrato, neste momento

Y ima= o mais elevado neste conjunto de experiências

condições (pH, temperatura, etc.)

K m = a constante de Michaelis para a enzima **específica** que está a ser investigada

As constantes de Michaelis foram determinadas para muitas das enzimas mais utilizadas. O tamanho do Km diz-nos várias coisas sobre uma determinada enzima.

- Um Km pequeno indica que a enzima necessita apenas de uma pequena quantidade de substrato para ficar saturada. Por conseguinte, a velocidade máxima é atingida com concentrações de substrato relativamente baixas.
- Um Km elevado indica a necessidade de concentrações elevadas de substrato para atingir a velocidade máxima de reação.

- Assume-se frequentemente que o substrato com o Km mais baixo sobre o qual a enzima actua como catalisador é o substrato natural da enzima, embora tal não seja verdade para todas as enzimas.

De acordo com os diferentes relatórios sobre a PPO, verificou-se que os valores de Km e Vmax variam consoante a fonte de onde foi extraída. Emine et al., 2003, encontraram um valor de Km de 5,09 mM e um valor de Vmax de 714,2 unidades / min.ml para a PPO extraída de *Helianthus tuberosus*. Chunhua et al., 2002, encontraram um valor de Km de 37,1 mM para a PPO extraída de folhas de tabaco. Hulya et al., 2002, encontraram um valor de Km de 5 mM para a PPO extraída de *Cydonia oblonga.* Masaaki et al., 2000, registaram um valor de Km de 4,14 mM para a PPO extraída de *Streptomyces sp. REN-21.* M. Enriqueta et al., 2003, registaram o Km 0,38 mM e o Vmax 5,55 U mg de proteína^{-1} para a PPO extraída de *Streptomyces cyaneus CECT 3335.* Santosh et al, 2006 também encontraram um valor Km de 4,2 mM e Vmax 1,97 x 10^{-5} unidades / mg para a PPO extraída de *Dolickos lablab*. T.J. Ridgway e G.A.Tuker, 1999, registaram um Km de 0,85 mM para a PPO extraída da folha de macieira.

6.2 Material e métodos:

Para determinar os valores da constante de Michaelis (Km) e da velocidade máxima (Vmax) da enzima, as actividades da PPO foram medidas a várias concentrações de catecol como substrato em condições óptimas de pH e temperatura. Os valores de Km e Vmax da PPO foram calculados a partir de um gráfico de 1 / V vs 1 / [S] pelo método de Lineweaver e Burk.

6.3 Resultados e discussões:

Tabela 17: Tabela para Km e Vmax.

Catecol conc. (mg/ml) [S]	D.O. a 540nm. Durante 10 minutos	V= D.O./tempo	[1/S]	1/V
0.077	0.008	0.0008	12.987	1250
0.154	0.011	0.0011	6.493	909
0.231	0.017	0.0017	4.329	588.23
0.308	0.024	0.0024	3.246	416.66
0.385	0.033	0.0033	2.597	303.03
0.462	0.038	0.0038	2.164	263.15
0.539	0.042	0.042	1.855	238.09
0.616	0.043	0.043	1.626	232.55
0.693	0.056	0.056	1.443	178.57
0.770	0.061	0.0061	1.298	163.93

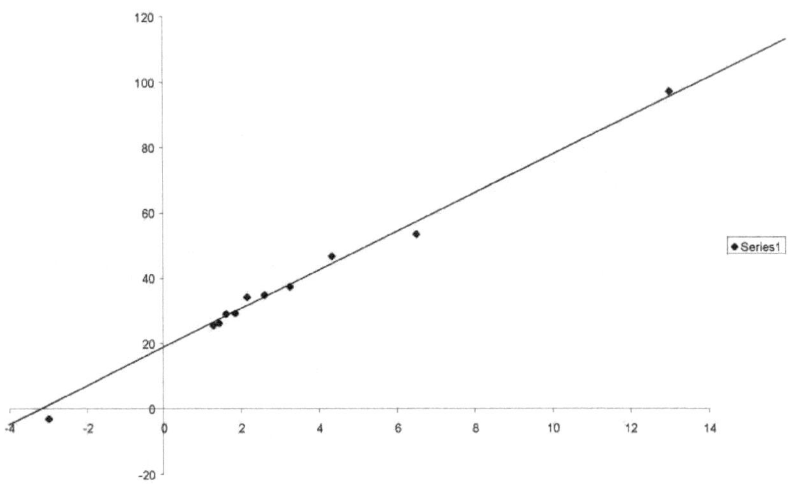

Figura 15 Gráfico de Lineweaver - Burk.

Os valores de Km e Vmax foram calculados a partir do gráfico de Lineweaver - Burk, como se mostra na figura n.º 15. O valor máximo da velocidade de reação (Vmax) foi de 0,0066 pm/min e a constante de Michaelis (Km) foi de 4,1 x 10^{-2} M.

6.4 Estudos com presença / ausência de plasmídeo:

É efectuada uma experiência para verificar a presença de plasmídeo nos isolados. Todas as culturas isoladas e identificadas foram submetidas ao isolamento de plasmídeos (protocolo no apêndice II). Todas as quatro culturas *Bacillus sp.* DQ 448748, *Alcanivorax sp. AB 055207, Marinobacter marinus AF 479689, Marinobacter daepoensis* AY 517633. mostraram a presença de plasmídeo e todos de alto peso molecular.

Para verificar se a atividade da PPO está ligada ao cromossoma ou ao plasmídeo, o plasmídeo foi removido das células através de métodos de cura a alta temperatura e a atividade da PPO foi verificada. A atividade da PPO não estava ligada ao plasmídeo.

6.5 Utilização de PPO no tratamento de efluentes fenólicos:

6.5.1 Introdução:

O fenol é um dos principais poluentes presentes nas águas residuais de várias actividades industriais: extração de carvão, refinação de petróleo, produção farmacêutica, fundição e fabrico de aço e ferro, e curtimento e acabamento de peles. Os tratamentos convencionais habitualmente utilizados (biológicos, oxidação química e adsorção) muitas vezes não conseguem produzir efluentes finais com a qualidade de descarga exigida a custos acessíveis. A importância do desenvolvimento de tecnologias de tratamento que atinjam esse limite deve ser enfatizada. Nas últimas duas décadas, vários investigadores têm estudado a utilização de enzimas no tratamento de águas residuais. As enzimas têm muitas vantagens potenciais sobre o tratamento biológico convencional e/ou a oxidação química: a ausência de um período de aclimatação, a ausência de problemas relacionados com choques de carga ou efeitos tóxicos, e a não geração de produtos inesperados devido à sua elevada especificidade (J.V.Bevilaqua et al 2002).

A polifenoloxidase está envolvida na oxidação do fenol com oxigénio molecular através de duas reacções distintas: a orto-hidroxilação do fenol produzindo catecóis e a sua desidrogenação produzindo quinonas. O presente trabalho abordou a eficiência do tratamento enzimático utilizando a PPO na remoção de fenol.

6.5.2 Material e métodos:

Foi efectuada uma experiência com a preparação de resíduos fenólicos sintéticos. Preparou-se um frasco cónico com 50 ml de diluição de 50 pg/ml de fenol e adicionou-se 2 ml de enzima. Esse frasco foi mantido à temperatura ambiente e, após cada ^ hora, a concentração de fenol foi verificada. A concentração de fenol foi determinada pelo gráfico padrão para a estimativa de fenol no Apêndice IV.

6.5.3 Resultados:

Quadro 18: Degradação do fenol.

Tempo (horas)	DO a 500nm	**Concentração de fenol** pg/ml	**Concentração de fenol degradado** pg/ml
1.0	1.987	44.5	5.5
1.5	1.843	41.5	8.5
2.0	1.682	38.5	10.4
2.5	1.421	32.5	17.5
3.0	1.215	28.0	22.0
3.5	1.016	23.0	26.0

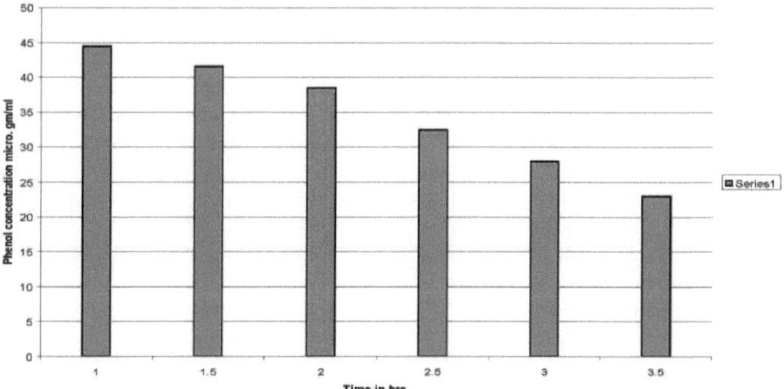

Figura 16 Degradação do fenol.
A partir da tabela e do gráfico, verifica-se que em menos de quatro horas o fenol é degradado pela enzima até metade da sua concentração original.

RESUMO

RESUMO:

A amostragem foi efectuada em ambiente marinho, tendo a água do mar sido recolhida em tubos esterilizados para evitar a contaminação da flora atmosférica. A área de amostragem é Vishakhapattanam, Peynnure (Kerela), diferentes praias de Goa e Mumbai (Maharashtra, Índia).

O meio utilizado para o enriquecimento foi caldo de nutrientes marinhos contendo caldo de nutrientes (1,30%), extrato de levedura (0,50%), NaCl (1,75%), KCl (0,07%), MgSO4 (1,32%), com pH 7,2. Foram inoculadas diferentes amostras de água em diferentes frascos cónicos contendo 100 ml de MNB em cada um, foram adicionados 5 ml de amostra em cada frasco e mantidos em incubação a 30^0 C numa incubadora com agitação durante 48 horas. Este procedimento de enriquecimento foi repetido utilizando 50 ml de meio.

O isolamento foi efectuado em meio sólido específico, ou seja, ágar nutriente marinho e MNA contendo 0,5% de tirosina e 0,5% de fenol. Foram isoladas setenta (70) culturas bacterianas a partir das amostras de água marinha enriquecida, tendo as culturas isoladas apresentado colónias pigmentadas em MNA, uma zona de depuração em MNA com 0,5% de tirosina e uma zona de cor castanha à volta da colónia em MNA com 0,5% de fenol. Estas culturas isoladas foram ainda analisadas para determinar a produção máxima de PPO.

O rastreio automatizado foi feito utilizando placas de microtítulo para rastrear um grande número de culturas para a atividade da PPO num curto espaço de tempo com a ajuda do leitor ELISA. Foram ainda selecionadas quatro culturas bacterianas com base na produção máxima de PPO em menos tempo.

Estes quatro isolados bacterianos foram identificados com técnicas bioquímicas. A confirmação das culturas isoladas foi efectuada no NCCS de Pune, na Índia, utilizando a filogénese baseada no 16S rRNA com recurso ao NCBI Blasts. Os isolados foram identificados como *Bacillus sp.* DQ 448748, *Alcanivorax sp. AB O55207, Marinobacter marinus AF 479689, Marinobacter daepoensis* AY 517633.

Foi detectado o tempo de produção para as culturas apresentarem a atividade máxima de catecolase: 96 horas de *Bacillus sp.* DQ 448748, 120 horas de *Alcanivorax sp. AB O55207*, *Marinobacter marinus* AF 479689 e *Marinobacter daepoensis AY 517633.*

A atividade enzimática dos isolados foi verificada em relação à sua fenolase, tirosinase e catecolase utilizando substratos, respetivamente, fenol, L-DOPA, tirosina e catecol.

A otimização do meio foi realizada utilizando diferentes concentrações de tirosina e fenol no meio, tendo-se verificado que 0,05% de tirosina no meio apresentou uma produção enzimática máxima.

A produção de enzimas em grande escala é efectuada utilizando o fermentador automático Biostat B, 5 Lit. (B.Braun Biotech International, Alemanha). O processo de fermentação é interrompido após 16 horas, uma vez que mostra a produção máxima de enzimas.

A purificação da enzima é efectuada passo a passo por precipitação com sal a 50%, diálise e cromatografia em coluna utilizando Sephadex G150 equilibrado com tampão fosfato de potássio 0,01M pH 6,5. A absorvância a 280nm de cada fração foi observada e as fracções com leitura máxima foram combinadas.

A concentração de proteínas foi medida de acordo com o método de Biureto. A concentração proteica da enzima purificada é de 4,4 mg/ml. A pureza da enzima foi de 33,83%.

Foram verificados diferentes parâmetros enzimáticos como o pH, a temperatura, a concentração de substrato e diferentes sais metálicos.

O efeito do pH na reação da PPO foi estudado utilizando um tampão de fosfato de sódio 0,1M e um tampão de citrato 0,1M na gama de pH 5 a 8. A atividade enzimática óptima foi observada a pH 6,5.

O efeito da temperatura na atividade enzimática foi estudado a diferentes temperaturas de 20^0 C a 70^0 C. A temperatura óptima foi encontrada a 30^0 C.

O efeito da concentração de substrato na enzima foi observado utilizando diferentes concentrações de catecol, variando de 1 mM a 10 mM. Observou-se que a atividade enzimática aumenta com o aumento da concentração de substrato (1 - 6 mM) e depois a atividade enzimática permanece constante (7 mM).

O efeito de diferentes sais metálicos na atividade enzimática foi observado utilizando diferentes sais metálicos com concentrações variáveis. Verificou-se que, na presença de **BaSO4**, **MgSO4**, CaCl2, a atividade enzimática permanece constante. Na presença de **CuSO4**, **SnCl2**, **ZnCl2**, EDTA a atividade enzimática diminui e na presença de **FeCl2**, HgCl2 a atividade enzimática aumenta até 3 - 5 vezes.

Foi efectuado um estudo mais aprofundado utilizando diferentes diluições de HgCl2 e FeCl2 e verificou-se o seu efeito na atividade enzimática. Verificou-se que, a uma **concentração** de 2 mM de HgCl2, a enzima apresenta uma atividade 10 vezes superior e, a 0,80 mM de FeCl2, uma atividade 4 vezes superior.

Foi efectuada uma experiência para determinar o Km e o Vmax da PPO. Verificou-se que Vmax é 0,0066 e Km é $4{,}1 \times 10^{-2}$ M.

Há relatos na literatura sobre a inibição da PPO pelo NaCl (Chan e Wang 1995, Li, 2003) e também que a PPO pode ser activada pelo NaCl (Ming Hui Fan et al 2005). Assim, foi realizada uma experiência para verificar o efeito do NaCl na atividade da PPO. Foram tomadas diferentes concentrações, variando de 0,5M a 5M, e o efeito destas na atividade da PPO foi verificado, mas verificou-se que não houve alteração na atividade da enzima. Isto pode dever-se ao facto de a fonte da enzima ser uma bactéria halofílica. Observou-se que a enzima é estável até 20 dias e depois a atividade diminui lentamente.

Foi efectuada uma experiência para verificar a presença de plasmídeos nos isolados. Os plasmídeos estavam presentes em todas as estirpes e todos tinham um peso molecular elevado. Para verificar se a atividade da PPO está ligada ao cromossoma ou ao plasmídeo, o plasmídeo foi removido das células através de métodos de cura a alta temperatura e a atividade da PPO foi verificada. A atividade da PPO não estava ligada ao plasmídeo.

Foram efectuados estudos preliminares de imobilização de enzimas utilizando alginato de sódio, que se revelaram úteis.

Foi efectuada uma experiência com a preparação de 40 ml de resíduos fenólicos sintéticos, a que se adicionaram 4 ml de PPO, tendo-se observado que a PPO degradou o fenol até metade do seu valor original em 4 horas.

Aplicações futuristas:

- Na produção industrial de penicilina V, o precursor de fenoxiacetato é adicionado ao fermentador, a penicilina V é frequentemente hidrolisada em ácido 6-aminopenicilânico com a regeneração do precursor de fenoxiacetato, mas é contaminada pelo derivado B-hidroxilado deste precursor, esta contaminação pode ser eliminada pela adição da enzima tirosinase que converte o p-hidroxifenoxiacetato em quinona e removida por ligação forte com quitosano, o que pode ser facilmente removido. O precursor de fenoxiacetato não é afetado e pode ser reutilizado.
- A determinação do catecol é especialmente importante para a análise da poluição do solo e para a investigação dos efeitos carcinogénicos do catecol e dos seus derivados que se formam no processo metabólico dos seres humanos. Assim, é possível desenvolver um elétrodo enzimático para a determinação específica do catecol utilizando a catecolase (EC 1.10 3.1).
- As polifenol oxidases mostram um efeito inibidor no fator de colonização do *Streptococcus sobrinus* 6715, que é responsável pela cárie dentária. Isto significa que a polifenol oxidase é útil para evitar a cárie dentária.
- As polifenol oxidases podem ser utilizadas para fabricar biossensores para a deteção de compostos fenólicos.
- As polifenol-oxidases vegetais estão presentes na *Vanilla planifolia* utilizada para extrair o aroma da baunilha, e garante-se que a PPO está envolvida nas reacções de escurecimento e na produção do composto aromático.
- A polifenol oxidase é benéfica na produção da cor escura associada a produtos como as ameixas secas, as resinas escuras e os chás.
- As polifenol oxidases são importantes para a indústria do tabaco, uma vez que afectam a cor e o sabor dos fragmentos de tabaco através da oxidação dos polifenóis presentes nas folhas.
- A polifenol oxidase é importante em métodos analíticos para a determinação do teor de fenóis totais em várias amostras biológicas e farmacêuticas. Por exemplo, a hidroquinona em cremes cosméticos e reveladores fotográficos e o paracetamol em formulações farmacêuticas.
- A polifenol oxidase está envolvida na síntese da melanina. As melaninas são compostos polifenólicos de cor escura sintetizados por diferentes organismos, desde bactérias a mamíferos. As melaninas estão envolvidas na função de defesa contra oxidantes, radicais livres e radiação UV.

CONCLUSÃO

Conclusão:

O novo desenvolvimento da biotecnologia centra-se em novos processos enzimáticos como substituto do método convencional ou na melhoria do desempenho das aplicações biotecnológicas existentes. É necessário isolar, purificar e caraterizar diferentes enzimas para diferentes processos biotecnológicos. Os catalisadores biológicos (enzimas) catalisam as reacções mais rapidamente do que os catalisadores químicos.

A biotecnologia indica a aplicação de princípios científicos e de engenharia ao processamento de materiais por agentes biológicos para fornecer bens e serviços. Atualmente, entre as biotecnologias, a engenharia genética tem feito enormes progressos em relação aos conceitos pré-existentes da biologia molecular, o que é de grande relevância para o bem-estar humano. Assim, nos próximos anos, poderão ocorrer melhorias substanciais nos cuidados humanos e animais (Abelson, 1983). A biotecnologia inclui a engenharia de proteínas. As proteínas são os produtos finais da ação dos genes e caracterizam os diferentes organismos. As enzimas são as proteínas funcionais que catalisam as reacções químicas nos sistemas biológicos. Têm uma elevada ação catalítica e uma maior especificidade em relação ao substrato. Estas propriedades das moléculas de enzimas são muito aplicáveis. Mais tarde, surgiu sob a forma de um novo ramo denominado "Enzimologia aplicada ou tecnologia enzimática ou engenharia enzimática".

A PPO tem amplas aplicações em diferentes áreas, como na indústria, para reciclar o precursor utilizado na fermentação da penicilina. No futuro, os biossensores fenólicos podem determinar a concentração do agente cancerígeno fenol, no domínio clínico podem ser preparados novos medicamentos para evitar as cáries dentárias, para curar o albinismo, na formação do sabor, do aroma e da cor na tecnologia alimentar.

Os dados recolhidos durante o trabalho de investigação, incorporados nesta tese, visam dar uma visão suficientemente detalhada sobre a polifenol oxidase bacteriana e a sua cinética.

Embora, a julgar pelo título da obra, não se trate de um tratado exaustivo, pode admitir-se que os estudos trazem uma luz valiosa sobre a PPO, a cinética da sua enzima de purificação e os factores físicos e químicos que a afectam.

Os estudos estão longe de estar completos, mas, no entanto, o estudo básico incorporado pode dar uma ideia para outros trabalharem, uma vez que o trabalho realizado, embora à escala laboratorial, tem muitas aplicações potenciais nos próximos anos. Espera-se que os estudos inspirem e iniciem mais investigação nesta direção.

APÊNDICE

Apêndice 1

1) Meios utilizados para o rastreio de bactérias produtoras de PPO.

Caldo Marinho.

Caldo de nutrientes-1 ,30%
Extrato de levedura-0 ,50%
NaCl-1 .75%
KCl-1 ,07%
MgSO4-1 ,32%
pH-7 .2.

Ágar marinho.

Caldo de nutrientes-1 ,30%
Extrato de levedura-0 ,50%
NaCl-1 .75%
KCl-1 ,07%
MgSO4-1 ,32%
pH-7 .2.
Ágar-ágar-1 ,5%.

Apêndice II

Protocolo de isolamento de plasmídeos

Requisitos:

1) Tris HCL: pH - 8 - 20ml
1 .e. - 2,422 gm em 20 ml.
Dissolver em água destilada (10 ml) e completar até 20 ml.
Ajustar o pH com HCL conc.
Autoclavar durante 15 minutos a 121° C.
2) EDTA: pH 8 20 ml - 0,5M
3,72gm - dissolver em 10 ml de água destilada e adicionar 1 palete de NaOH
Agitar com um agitador magnético.
Volume final - 20 ml.
Autoclave - durante 15 minutos a 121° C.
3) Glucose 1M 20 ml.
4) Acetato de potássio - 60 ml - 5M.
Ajustar o pH com ácido acético.

Solução II

5) 2% SDS-10 ml.
6) NaOH 0,4N -20 ml.
(Preparado na hora).

Solução I

Glucose-50pM
Tris-25pM
EDTA-10pM

Solução III

Acetato de potássio 5M - 60 ,0 ml .
Ácido acético glacial - 11 ,5 ml .
Água destilada - 28 ,5 ml .
100 ml.

Protocolo

1,5 ml de suspensão celular

↓

Centrifugar a 5000 rpm durante 5 min

↓

Toque na palete para a dissolver

↓

Adicionar 100 µl de TAG (solução I)

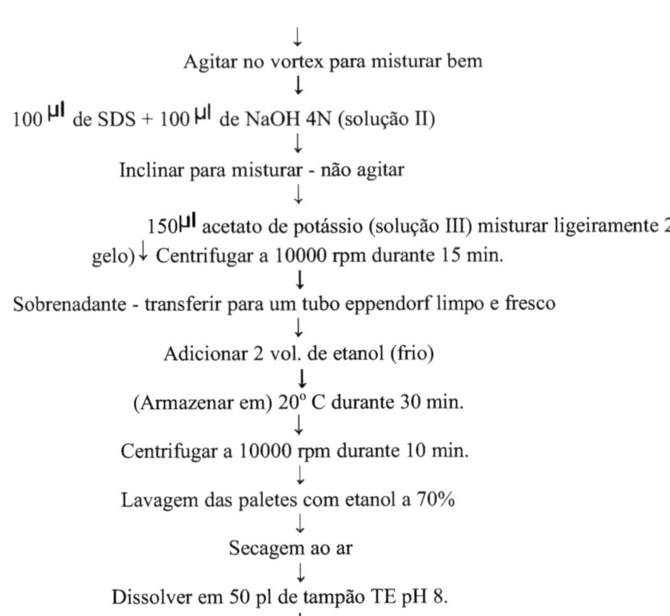

Carregar 10 µl num gel de agarose a 0,8%.

Apêndice III

Medição da atividade da polifenol oxidase:

3 mL de água destilada, 1 mL de tampão fosfato de potássio 0,2 M pH 6, 1 mL de catecol 0,006 M. Em t=0, é adicionado 0,5 mL de enzima e o tubo é imediatamente misturado. A absorvância a 540 nm é medida durante 10 minutos no modo de varrimento temporal utilizando o espetrofotómetro de feixe duplo UV visível Chemito make. Registar **A280** durante 10 minutos. Determinar **AA280** a partir da parte linear da curva. É de esperar um "desfasamento" não linear de 2-3 minutos.

Cálculo:

$$\text{Units/mg} = \frac{\Delta A_{280}/\text{min} \times 1000}{\text{mg enzyme in reaction}}$$

Protocolo para a atividade da fenolase:

1ml de fenol dil^{n} (100pg / ml)

+

0,5 ml de enzima

+

0,5 ml de tampão fosfato pH 6,5

Deixar atuar durante meia hora.

Depois acrescente,

0,5 ml de solução de amoníaco

+

1 m de ferricianeto de potássio (0,8%)

+

1 ml de 4-aminoantipirina (0,2%)

↓

Ler a absorvância a 500nm.

Apêndice IV

Gráfico padrão para a estimativa de fenol:

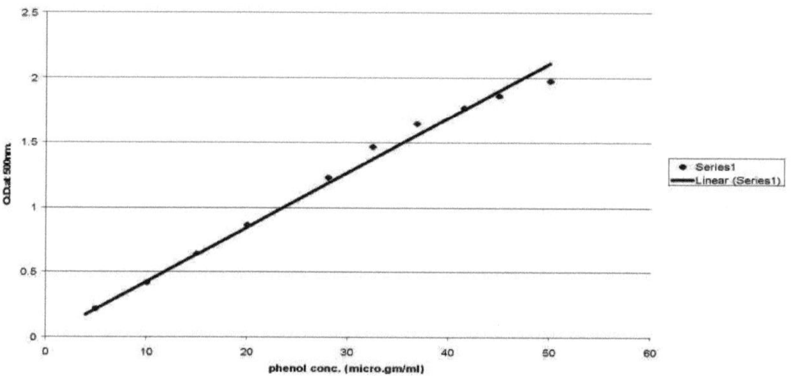

Gráfico padrão para a estimativa da tirosina:

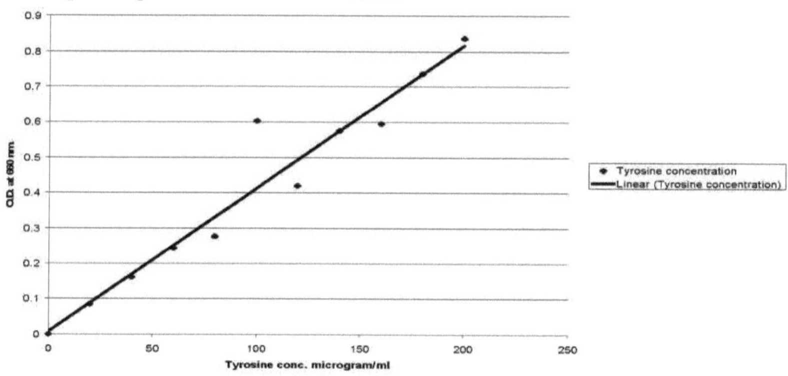

Gráfico padrão para a estimativa de proteínas pelo teste de Biureto:

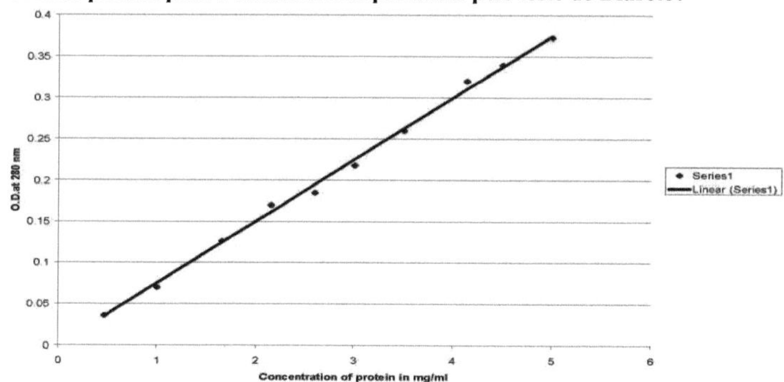

BIBLIOGRAFIA

AbelsonP.H.,1983.Biotechnology:Anoverview.Science,219:611- 613.
Ahmet Yemenicioglu, Mehmet Ozkan e Bekir Cemeroglu, 1999. *Algumas caraterísticas da polifenol oxidase e da peroxidase do Taro (Colocasia antiquorum).* Tr.J, AgricultureandForestry, Vol23, 425-430.
AltschulSF,MaddenTL,SchafferAA,ZhangJ,ZhangZ,MillerW,LipmanDJ.1997.*Gapped BLAST e PSI-BLAST: uma nova geração de programas de pesquisa em bases de dados de proteínas.*NucleicAcidsRes.Vol25(17): 3389-402
Antonio R. Cestari, Eunice F. S. Vieira, Alisson J. P. Naschimento, Marina M. Santos Filha e Claudio Airoldi, 2002.*Avaliação de alguns fatores experimentais para a oxidação de fenóis utilizando extratos brutos de jaca (Artocarpus integrifolia).* J.Braz.Chem. Soc.Vol.13.
AnwarulIslam,AbuSayeed,NurulAbsarandMd.IbrahimH.Mondal, 2003.*Changes in some hydrolytic and oxidative enzymes activities of jute leaves under different foliar treatments.* OnlineJ.Biol.Sci.Vol 3(5),515-523.
Bergey'smanualofsystematicBacteriology,!984(Eds)Vol1-Noel R.KriegandJohnG.Holt,Vol2(ed)PeterH.A.,LippincottWilliams andWilkins,London.
BillW.Bogan,LisaM.Lahner,VesnaTrbovic,AnnM.Szajkovicse JrobertPaterek,2001.*Effects of alkylphosphates and nitrous oxide on microbial degredation of polycyclic aromatic hydrocarbons.* Aplic. ambiente. Microbio, 2139-2144.
Chiaki Kato, akiara Inoue e Koki Horikoshi, 1996. *Isolamento e caraterização de microrganismos marinhos de profundidade.* Tendências em Biotecnologia. Vol. 14, 6-12.
Chunhua Shi, Qingliang Liu, Ya Dai, Yongshu Xie e Xiaolong Xu, 2002. *O mecanismo de ativação da azida da polifenol oxidase II do tabaco.* Ata Biochimica Polonica, Vol 49, 1029-1035,
Chunhua Shi, Ya Dai, Bingle Xia, Xiaolong Xu, Yongshu Xie e Qingliang Liu, 2001. *A purificação e as propriedades espectrais da polifenol oxidase I de Nicotiana tabacum.* Plant Mol. Bio. Reporter, Vol 19, 381a-381h.
Chuan Lu Wang, Shinji Takenaka, Shuichiro Murakami e Kenji Aoki, 2001. *Produção de catecol a partir de benzoato pela estirpe selvagem Ralstonia Species Ba-0323 e caraterização da sua catecol 1,2- dioxigenase.* Biosci. Biotechnol. Biochem, Vol 65(9), 1957-1964.
Claudia Eggert, Ulrike Temp e Karl-Erik L. Eriksson, 1996. *O sistema ligninolítico do fungo da podridão branca Pycnoporous cinnabarinus: purificação e caraterização da lacase.* Appl. Environ. Microbiol, 1151-1158.
Claudio T. Sacchi, Anne M. Whiteny, Leonard W. Mayer, Roger Morey, Arnold Steigerwalt, Arijana Boras, Robin S. Weyant e Tanja Popovic, 2002. *Sequencing of 16S rRna Gene: A rapid tool for identification of Bacillus anthracis (Sequenciação do gene 16S rRna: Uma ferramenta rápida para a identificação de Bacillus anthracis).* Emerging Infectious Diseases (Doenças Infecciosas Emergentes), Vol. 8, No.10, 1117-1123.
C. Srinivasan, T.M. D'Souza, K. Boominathan e C.A. Reddy, 1995. *Demonstração de lacase no basidiomiceto Phanerochaete chrysosporium BKM-F1767 da podridão branca.* Appl. Environ. Microbiol, 4274-4277.
D. Faure, M.L. Bouillant e R. Bally, 1994. *Isolamento de mutantes de Azospirillum lipoferum 4T Tn5 afectados na melanização e na atividade da lacase.* Appl. Environ. Microbiol, 3413-3415.
Duckworth, H, Coleman, J.E., 1970, *Propriedades Físico-Químicas e Cinéticas da Tirosinase de Cogumelo*, J. Biol. Chem., 245, 1613-1625.
Emine Ziyan e Sule Pekyardimci, 2001. *Caracterização da polifenol oxidase da alcachofra de Jerusalém (Helianthus tuberosus),* 2003. Turk. J. Chem. Vol 27, 217-225.
Erhan Dinckaya, Erol Akyilmaz, Sinan Akgol, Secil Tatar Onal, Figen Zihnioglu e Azmi Telefoncu, 1998. *Um novo elétrodo de enzima catecol oxidase para a determinação específica de catecol.* Biosci. Biotechnol. Biochem. Vol. 62(11), 2098-2100.
Estela De Pieri Troiani, Clariza Tome Troiani e Edmar Clemente, 2003. *Peroxidase (POD) e polifenoloxidase (PPO) em uva.* Cience. Agrotec, Lavras, Vol 27, 635-642.
Fernandez E, Sanchez-Amat e Solano F., 1999, *Location and characteristics of a multipotant bacterial polyphenol oxidase.* Pigment Cell Res., Vol 12(5), 331-339.
Francisco Solano, Encarnacion Gracia, Encarnacion Perez de Egea, e Antonio Sanchez-Amat,

1997. *Isolamento e caraterização da estirpe MMB-1(CECT 4803), uma nova bactéria marinha melanogénica.* Appl. Environ. Microbiol. Vol.63, 3499-3506.
Francisco Solano, Patricia Lucas-Elio, Eva Fernandez e Antnio Sanchez-Amat, 2000, *Marinomonas mediterranea MMB-1 transposon mutagenesis: Isolamento de um mutante multipotente de polifenol oxidase.* J. bacteriol. Vol 182, 3754-3760.
Gregory F, Payne e Wei-Qiang Sun, 1994. *Reação da tirosinase e subsequente adsorção de quitosano para remoção selectiva de um contaminante de um fluxo de reciclagem de fermentação.* Appl. Environ. Microbiol, 397-401.
Gregor Gorkiewicz, Gebhard Feierl, Caroline Schober, Franz Diebr, Josef Koifer, Rudolf Zechner e Ellen L. Zechner, 2003. *Identificação espécie-específica de Campylobacters por sequenciação parcial do gene 16S rRNA.* J.clinical Microbiol, Vol 41, No. 6, 2537-2546.
Higgins DG, Thompson JD, Gibson TJ. 1996. *Utilização de CLUSTAL para alinhamentos de sequências múltiplas.* Methods Enzymol. Vol 266: 383-402.
Hulya Yagar e Ayten Sagiroglu, 2002. *Imobilização não covalente de polifenol oxidase de marmelo (Cydonia oblonga) em alumina.* Ata.chim. Slov, Vol 49, 893-902.
Jill E. Clarridge III, 2004. *Impacto da análise da sequência do gene 16SrRNA para identificação de bactérias na microbiologia clínica e nas doenças infecciosas.* Clinical Microbiology Reviews, 840-862.
John A. Buswell, 1975. *Metabolismo de fenol e cresóis por Bacillus sterothermophilus.* J.Bacteriol, 1077-1083.
Jonathan D. Crowe e Stefan Olsson, 2001. *Indução da atividade da lacase em Rhizoctonia solani por uma estirpe antagonista de Pseudomonas fluorescens e uma série de tratamentos químicos.* Appl. Environ. Microbio, 2088-2094.
J.V. Bevilaqua, M.C. Cammarota, D.M.G. Freire e G.L.SantAnna Jr. 2002, Remoção de fenol através de tratamentos biológicos e enzimáticos combinados. Braz. J. Chem. Engg. Vol 19, no 2.
Masaaki ITO e Kohei ODA, 2000. *Uma tirosinase de solvente orgânico de Streptomyces sp. REN-21: Purificação e caraterização.* Biosci. Biotechnol. Biochem, Vol. 64(2), 261-267.
M.Enriqueta Arias , Maria Arenas , Juana Rodriguez ,Juana Rodriguez, Juan Soliveri, Andrew S. Ball, e Manuel Hernandez, 2003. *Biobranqueamento de polpa kraft e oxidação mediada de um substrato não fenólico por Leccase de Sterptomyces Cyaneus CECT 3335.* Appl. Environ. Microbiol. Vol. 69(4), página 1953-1958.
M.M.Cowan, E.A.Horst, S. Luengpailin e R.J. Doyle, 2000. *Efeito inibitório da polifenoloxidase vegetal nos factores de colonização de Streptococcus sobrinus 6715.* Antimicrobial agents and Chemotherapy, Vol 44, 2578-2580.
Michael L. Sullivan, Ronald D. Hatfield, Sharon L. Thoma e Deborah A. Samac, 2004. *Clonagem e caraterização do ADN da polifenol oxidase c do trevo vermelho e expressão da proteína ativa em Escherichia coli e alfafa transgénica.* Plant physiology, vol 136, 3234-3244.
Ming Hui Fan, Miao wang e Peibao Zou, 2005. *Efeito do cloreto de sódio na atividade e estabilidade da polifenol oxidase da maçã fuji.* J. Food Biochem. Vol 29, 221-224.
Muralikrishna chivukula e V. Renganathan, 1995. *Oxidação de corantes azo fenólicos por lacase de Pyricularia oryzae.* Appl. Environ. Microbiol, 4374- 4377.
Norbert Gorny e Bernhard Schink, 1994. *A degradação anaeróbia do catecol por Desulfobacterium sp. estirpe cat2 processa-se através da carboxilação em protocatecuato.* Appl. Environ. Microbio., 33963400.
Patricia Lucas-Elio, Franscisco Solano e Antonio Sanchez-Amat, 2002. *Regulação das actividades da polifenol oxidase e da síntese de melanina em Marinomonas mediterranea: Identificação de ppoS, um gene que codifica um sensor histidina quinase.* Microbiologia, Vol 148, 2457-2466.
PCY Woo, P K L Leung , K W Leung , K Y Yuen , 2000.*Identificação por sequenciação do gene do RNA ribossómico 16S de uma espécie de Enterobacteriaceae de um recetor de transplante ósseo.* J. Clin Pathol: Mol Pathol.Vol.53, 211-215.
Pidiyar VJ, Jangid K, Patole MS, Shouche YS. 2004. *Estudos sobre o microbiota cultivado e não cultivado do intestino médio do mosquito Culex quinquefasciatus selvagem com base na análise do gene do ARN ribossómico 16S.* Am J Trop Med Hyg. Vol 70, 597-603.
P. *J.* Worsfold, 1995, *Classificação e caraterísticas químicas de enzimas imobilizadas (Relatório Técnico).* Pure & Appl. Chem., Vol. 67, No. 4, pp. 597-600, 1995.

P.V.Climent, M.L.M.Serralheiro e M.J.F.Rebelo, 2001. *Desenvolvimento de um novo biossensor amperométrico baseado em polifenoloxidase e membrana de polietersulfona.* Pure Appl. Chem., Vol 73, No. 12, 1993-1999.
Ruth Halaban, Sherri Svedine, Elaine Cheng, Yoel Smicun, Rebbeca Aron, e Daniel N. Hebert, 2000.*Endoplasmic Reticulum Retention is a Common Defect Associated with Tyrosinase-Negative Albinism.*Cell Biology. PNAS, VOL.97,5889-5894.
Saang-Hoon Jeon, Kyung-Hun Kim, Jong-Uk Koh e Kwang-Hoon Kong, 2005. *Efeito inibitório na oxidação de L-Dopa da tirosinase por um agente de branqueamento da pele.* Bull. Korean Chem. Soc., Vol. 26, No. 7, 11351137.
Santosh R. Kanade, Beena Paul, A.G. Appu Rao e Lalitha R. Gowda, 2006. *The Conformational State of Polyphenol Oxidase from Field Bean (Dolichos Lablab) upon SDS and Acid-pH Activation.* Biochem J.vol.395,551-562.
Senji Sakanaka, Norio Shimura, Masami Aizwa, Mujo Kim e Takehiko Yamamoto, 1992. *Efeito preventivo dos polifenóis do chá contra a cárie dentária em ratos convencionais.* Biosci. Biotechnol. Biochem. Vol. 56(4), 592-594.
S.K.P. Lau, P.C.Y. Woo, J.L.L. Leung, K.Y.Yuen, 2002. *Identification By 16S ribosomal RNA gene sequencing of Acrobacter butzleri bacteraemia in a patient with acute gangrenous appendicitis.* J. Clin Pathol: Mol Pathol. Vol.55, 182-185.
Stephanie G. Burton, 2001. *Desenvolvimento de bioreactores para aplicação de biocatalisadores em biotransformações e bioremediação.* Pure Appl. Chem., Vol 73, No. 1, 77-83.
Stahmann M.A. Clare B.G. and Woodbury W.1966, *Increased disease resistance and enzyme activity induced by ethylene production by black rot infected sweet potato tissue.* Plant Physol. Vol. 41, 1505-1512.
T. Demeke, H.-G. Chang e C.F.Morris, 2001. *Efeito da germinação, abrasão da semente e tamanho da semente na atividade do ensaio da polifenol oxidase no trigo.* Plant Breeding, Vol 120, 369-373.
Tigst Demeke, Craig F. Morris, Kimberly G. Campbell, Garrison E. King, James A. Anderson e Hak-Gil Chang, 2001. *Wheat polyphenol oxidase: Distribuição e mapeamento genético em três populações de linhas consanguíneas.* Crop Sci., Vol 41, 1750-1757.
T.J. Ridgway e G.A. Tucker, 1999. *Procedimento para a purificação parcial da polifenol oxidase de folhas de macieira adequada para aplicação comercial.* Enz. Microbial Tech. Vol 24, 225-231.
Wilfred F.M. Roling , Josef Kerler, Martin Braster, Anton Apriyantono, Hein Stam e Henk W.Van Verseveld, 2001. *Microorganismos com gosto por baunilha: Ecologia microbiana da cura tradicional indonésia.* Appl. Environ. Microbio, 1995-2003.

Printed by Books on Demand GmbH, Norderstedt / Germany